岐阜県の魚類の現状と今後
──岐阜の河川に魚をふやそう──

格 知夫
田 郁 純
椋 村
小 今 美
駒 渡 邉 咲

発刊を祝して

　岐阜県は"海なし県"であり、水産業といえば河川漁業が大部分を占めています。河川は海とは異なりきわめて規模が小さく、再生産能力が微弱なため、なんのルールもなしに魚を取り続けるとあっという間に資源が枯渇してしまいます。

　本書「岐阜県の魚類の現状と今後——岐阜の河川に魚をふやそう——」は、岐阜県漁業協同組合連合会が管轄する県内全域において、漁場とされる河川の58地点で投網とタモ網を用いて行った現地調査によるデータを基に作成された他に類を見ない貴重な記録であります。

　岐阜県漁業協同組合連合会は、岐阜県知事から漁業権免許を受け、内水面の水産資源を持続的に利用するための活動を行っています。具体的な漁連の仕事としましては、「内水面水産資源の持続的利用に係るアユ等放流用種苗の確保」「漁場環境の浄化・保全と漁業被害対策の実施」「鰻生息環境改善支援事業の実施（石倉カゴ漁礁の設置）」「カワウ等被害対策の実施（ねぐら調査や駆除活動、ドローンの活用）」「遊漁者対策の実施（女性限定の釣り大会、漁業諸規則違反の未然防止、河川環境の美化推進、釣りマナー向上等の啓蒙）」など、多岐にわたる活動を実施しています。

　本書によりますと、今回の調査では全県で37種類の魚類が捕獲されています。このことからは、岐阜県の河川環境が豊かであるといえますが、漁獲高は減少傾向にあります。

　本書を読んでいただいた方々が、身の回りの河川にどんどん触れ合っていただいて「どうしたら私たち岐阜県の河川の魚が増やすことができるか？」という課題に向き合い、お互いの知恵を出し合ってできることから取り組んでいただききたいと思います。同時に、皆さんそれぞれのお考えを組合の方にもお伝えいただきたいと願っています。よろしくお願いいたします。

　岐阜県漁業協同組合連合会といたしましても、後世まで素晴らしい岐阜県の河川環境を継承させていくために、今後とも努力を惜しまぬ覚悟であります。

清流を後世に引き継ごう！

　最後になりましたが、本書を作成していただいた著者の方々、また、ご協力いただいた岐阜県水産振興室、株式会社テイコク、県内の漁業組合の関係者の皆様に、心より御礼申し上げます。

2018年12月吉日

岐阜県漁業協同組合連合会

代表理事会長　玉田　和浩

目　　次

はじめに 1

［Ⅰ部］現地調査　　2

1．調査地点および調査方法 2
　（1）調査地点 2
　（2）調査方法 3
2．調査結果 4
　（1）調査地点（58地点）別調査結果 4
　（2）魚類別の岐阜県内分布図 64
　（3）全県での採捕状況の傾向 71
　（4）今回の調査結果と過去の調査結果の比較 73

［Ⅱ部］現地調査から見た主要な魚類　　76

1．主要な魚類 76
2．用語の解説 91

［Ⅲ部］岐阜の河川に魚（雑魚、ザコ）をふやそう　　92

1．対策例の概要 92
　（1）河川環境を考えるときの大前提 92
　（2）身近な作戦 93
2．対策の具体例～カワウ対策～ 94

おわりに 96

【コラム】
① 川魚の今 ～出版への思い～ 3
② 投網を打つ前に 42
③ なじみの深い魚は？ 70
④ 長良川（岐阜）のアユ 75
⑤ 河川の魚を減らさないように（その1）～魚をふやし、すみよい環境をつくろう～ ... 93
⑥ 河川の魚を減らさないように（その2）～河川の汚れに関心をもとう～ 95

【川の風景～その1～】 .... 49　　【川の風景～その2～】 60

はじめに

　岐阜県は内陸県で、海に面しておらず、漁業と言えば淡水魚類相手の河川漁業（内水面漁業）である。河川や湖沼に生息している魚類のうち、漁業の対象となるのは、放流など何らかの人の手が加わることによって生息状況が保たれている魚類が大部分である。時代の変遷に伴って河川環境は変化しているが、その影響を受けて河川に生息する生物、特に、魚類の生息状況はさまざまに変化している。それぞれの河川についてその流域で生活する人々に、「現在の河川の状態は昔に比べていかがですか」と問うと、大多数の人は「魚が減った」と即答する。おそらく、間違いのない判断であろう。岐阜県が毎年公表している漁獲量に関する資料を見ると、アユ、アマゴ、アジメドジョウ、ヨシノボリ類など一部の魚類を除いて、大半の魚類は過去20年間に10％以下に減少している。データの解釈にはいろいろな要素を考えなければならないが、この数字は河川での魚類の生息量が減少している一つの客観的な証拠であることに相違ない。これは、漁場環境の悪化、冷水病の発生、カワウや外来魚による食害、組合員や遊漁者の減少などによるものであろう。一方では、それぞれの漁業組合は毎年、魚類の増殖事業などによって生息量の向上に努め、さらに、河川環境の改善のためにゴミの清掃などを行っているが、漁獲高の上昇という傾向は認められない。

　私たちの生活様式を見れば、西洋化し、肉食を好んで魚離れが進み、魚の消費は低迷している。さらに飼料価格も高騰し、養殖漁業も決して明るい状況にない。しかし、県内における淡水魚類の生息状況の時代に伴う変化を、客観的に判断しうるに足る資料は決して満足なほど多くはない。私たちが自然河川の状況に関し、時系列を追ってその変化を知ることは、日常生活を送る上でも決して無駄なことではない。何とか資料を得る機会はないかと常々思ってきたが、素晴らしい機会に巡り合うことができた。

　岐阜県が全県の漁場環境調査を行うという話が2011年頃にあった。アユを主体とした生息場の環境調査ということで、全県の漁業組合が管轄する河川の現地調査を行うというものであった。そこで、この機会に県庁（水産課）、岐阜県漁業協同組合連合会、及び各漁業協同組合に、それぞれの場所で、全ての魚種を対象として投網とタモ網で生息状況調査を許可していただけないかとお願いをした。そして、快くご理解を頂いた。またとない機会が出現したわけだ。同じ時期（9月～12月）、同一の調査員で同じ調査方法（投網・タモ網）による調査が全県の河川で行われることになった。9月（秋）スタートのため、気温（水温）のことを考えて寒冷期の早い北から南への順で調査を進めることにした。

　その時から5年が経過した。頭の片隅でこのデータを何とかして公表したいとずっと思ってきた。そして、平成28年春、岐阜県農政部水産振興室にその旨を相談したところ、「大切なことだから積極的に進めてください」との返事を頂いた。心置きなく資料を公表したいと思う。

　一連の作業にご協力くださった岐阜県水産振興室・県内の漁業協同組合・株式会社テイコクをはじめ、多くの方々にお世話になりました。ありがとうございました。

著者代表　駒　田　格　知

［Ⅰ部］現地調査

1. 調査地点および調査方法

（1）調査地点

　まず、機械的に岐阜県全域を109地区に区画した。それぞれの区画は必ずしも一つの漁業協同組合が管轄しているわけではなく、複数の漁協によって管轄されている場合や複数の区画が同一の漁協に管轄されている場合もあるが、それぞれの漁業組合の管轄区域において面積に応じて1〜3箇所を選択して調査を行った。

　魚類採集調査は、それぞれの漁業組合が管轄する漁場の区域内で、「漁協が魚類の生息が良好、または漁場として適していると判断されている場所」を選定してもらい、その地点に案内してもらい実施した（図1、2）。このような方法で調査地点を選定したのは今回の調査員が全県の漁場を詳細に把握していないことの弊害を少なくするためである[注1]。

　1区画に調査地点が2箇所ある場合は以下の通りである。

　表示：区画番号（調査番号）　B13（No. 8, 9）、F6（No. 23, 24）、F9（No. 26, 27）、G10（No. 28, 29）、G13（No. 43, 58）、H7（No. 16, 19）、H11（No. 36, 37）、I14（No. 41, 42）、J3（No. 1, 2）、K12（No. 33, 34）、K15（No. 39, 40）

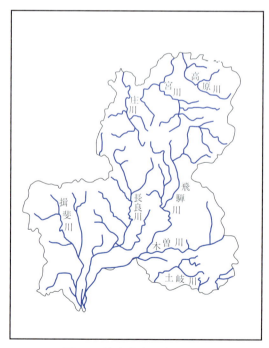

図1　岐阜県内の主要河川

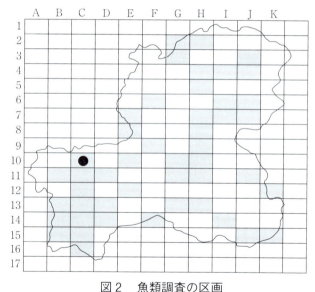

図2　魚類調査の区画
灰色の区画は魚類生息調査実施区画、●印は生息確認区画を示す。

注1　前述したように、各漁業協同組合に調査地点の選定をお願いしたために、地区割（県全体を機械的に109区画に区分した）と調査地点が完全に対応しなかった。1区画に二つの調査地点が存在するのは11区画であった。すなわち、本調査における区画は47、調査地点は58箇所であったことになる。今回の集計はまず、生息確認地点の割合は調査地点数（58地点）を基準とした出現頻度（％）とし、県内の分布を示すには、地区数（47区画）に対する出現区画数の割合で示すことにした。1区画と表現した場合、そこには調査地点が1箇所の場合と2箇所の場合があることになる。

（2）調査方法

　それぞれの調査地点で、全調査時を通じて、まず投網は同一の調査員によって20回、または、2人で10回ずつ打った。なお、地理的条件により、どうしても数回不足する場所が生じたが、これは調査地点の川幅や河床状況がさまざまであることに対する配慮である。そして、タモ網による採集は同じ2人の調査員によって同一地点（投網を打ったのと同じ場所）において30分間の自由採集で行った。

　このとき注意した点は、「この調査の主たる目的は、岐阜県全域での魚類の生息状況を地点間で比較すること、さらに、全県での傾向を明らかにしようとすることにある」ということであった。そのために、投網20回（1人）または10回（2人）、タモ網30分（2人）という一般的方法が調査の原則であり、決して希少と言われる魚類を追跡するような特別な採集は行わないことを調査の開始前に十分に申し合わせた。

　今回の調査方法は決して満足のいくものではなかったが、少なくとも各地点の比較や過去と未来の時間の経過による比較には耐えうる結果が得られるものと思っている[注2]。なお、投網の調査は河川・魚類調査20年以上の経験を有する者が行った。

　本書では、今回の現地調査の結果について、58地点における各調査地点別の結果を2011年9月9日から12月5日までの期間の調査日順に記載した。魚類採捕結果の表には、投網・タモ網別に魚種名と尾数（体長は測定した場合のみ）を記載した。さらに、それぞれの魚種別の分布状況を整理した全県の採捕状況の傾向について報告する。そして、資料がある限りの範囲で過去との比較をした。

【コラム①　川魚の今～出版への思い～】

　県内に生活している人に「川魚は昔と比べて今はどうですか」と聞くと、ほぼすべての人が「著しく減った」「昔に比べたら寂しいよ」……と答える。しかし、思い出（郷愁）だけでは、次代への方向性は出てこない。このことを念頭に実際に現地調査をして得た結果を示すことによって、受け止め方が具体化し、変わるのではないかと思った。

　40年前には、河川調査の目的で自ら投網などを用いて、魚類を採捕する魚類研究者の存在は知られていなかった。著者も河川の魚類調査に関わった最初の2～3年は、漁協組合員に投網による採捕を依頼していた。しかし、日程とか調査地点とか、いろいろな条件を考えた場合に、自分で採捕するのが最適であるとの考えに至った。長良川下流漁協の組合員の人に1週間ほどお世話になり、投網の打ち方を教わった。そのおかげでそれ以来、どこへでも自分で出掛けて魚類の生息調査を行っている。さらに、同じ考えの人が加わった淡水魚類研究会を発足させて現在に至っている。岐阜県の自然（河川）を愛する者としての責任？を少しでも果たしたいと思っていたが、今回の出版でその念願がかなった。

注2　今回の魚類生息調査の結果について、15～20年前と比較すると現状の理解がより鮮明になると思い、過去の調査記録を整理して検討してみた。この場合の最大の問題点は、調査地点が共通である場合が少ないことであった。その理由は、調査地点の選定基準が異なるためである。共通と判断された地点は58地点のうち8地点（13.5％）であった。

2．調査結果

(1) 調査地点（58地点）別調査結果

No. 1

① 河川名　　　高原川　　　　　地図（区画）No. J3
② 漁協名　　　高原川漁協
③ 調査期日　　2011年9月9日
④ 測定結果　　水温　17.8℃　　pH　8.0　　　DO　9.1mg/l
⑤ 魚類採捕結果（魚種名・尾数）

	投網（10回）×2名		タモ網　30分　2名	
	魚種名	尾数（体長）	魚種名	尾数（体長）
1	アユ	4（120-155mm）	アジメドジョウ	2（57, 71mm）
2	カジカ	1（100mm）	カワヨシノボリ	1（15mm）
3	ウグイ	3（68-130mm）		
4	ヤマメ	2（110, 132mm）		
合計	4種	10尾	2種	3尾

採捕確認魚種は6種である

　河床の面積50㎡中に存在する石の直径は、1m以上のものが4個、0.5～1mが14個、0.2～0.5mが5個、他は砂、川岸は50㎡中1m以上が3個、0.5～1mが10個、0.2～0.5mが28個、0.2m以下が100個以上、他は砂で、いろいろな大きさの石が混在している。この状況はこの河川ではほぼ平均的であると思われた。川岸は広葉樹でおおわれている場所が多い。淵と早瀬が連なっている場所が多くあり、直径0.5m以上の石がはまり石の状態で多数ある。川岸から河川の流心までは自然状態が良好で、投網により、アユ、カジカ、ウグイ、ヤマメなどを採捕した。

　漁協の話によると、この地域にはヤマメ、イワナ、ニジマス、ウナギ、アジメドジョウ、ウグイ、ヨシノボリが生息する。アユは水温が冷たく、河床の石の状況が縄張り形成には不向きで減少傾向にある。アユ、ニジマス以外は自然繁殖している。

2．調査結果

No. 2

① 河川名　　　高原川　　　　　　地図（区画）No.　J3
② 漁協名　　　高原川漁協
③ 調査期日　　2011年9月9日
④ 測定結果　　水温　16.9℃　　　pH　8.2　　　　DO　9.8mg/l
⑤ 魚類採捕結果（魚種名・尾数）

	投網（20回）		タモ網　30分　2名	
	魚種名	尾数（体長）	魚種名	尾数（体長）
1	アユ	4（120-165mm）	アジメドジョウ	1（32mm）
2	ヤマメ	1（130mm）	カワヨシノボリ	1（52mm）
3	ニジマス	5（95-123mm）		
4	ウグイ	1（65mm）		
	アユ4尾中 2尾が冷水病			
合計	4種	11尾	2種	2尾

　採捕確認魚種は6種である

　河床は直径0.5～1mの石が多く、藻類の着生状況も良い。川岸は80％が草で覆われている。急流で流量も多く、足下を気にしながら網を打ち、アユ、ヤマメ、ニジマス、ウグイを採捕した。アユは4尾中2尾が冷水病だった。

　漁協の話によると、蒲田川の上流域は禁漁区に設定されている。そのためか距離は短い河川であるが魚の生息量は多い。

［Ⅰ部］ 現地調査

No. 3

① 河川名　　　小八賀川　　　　地図（区画）No.　J4
② 漁協名　　　丹生川漁協
③ 調査期日　　2011年9月12日
④ 測定結果　　水温　14.4℃　　pH　8.3　　　DO　9.2mg/l
⑤ 魚類採捕結果（魚種名・尾数）

	投網（20回）		タモ網　30分　2名	
	魚種名	尾数（体長）	魚種名	尾数（体長）
1	イワナ	3（75-95mm）	なし	
合計	1 種	3 尾		

採捕確認魚種は1種である

　大きな堰堤の下流部での調査となった。堰堤直下は深く水量も多いため投網調査は不可能であった。河床には直径1m以上の石が散在し、中には2m以上のものも多くある。急流であり、着生藻類はほとんど見られない。大きな石とその間の急流に注意しながら岩の下流部でイワナを採捕した。アマゴやその他のサケ科魚類は全く採捕できなかった。切り立った岩の下流に体長30cmほどの大きなイワナが数尾泳いでいるのが目視された。

　漁協の話によると、イワナの自然繁殖が活発であり体長50cmを超えるイワナも生息する。最近、昔と比べてアジメドジョウは減少傾向にある。この地域では、アジメドジョウを食用にすることはあまりない。他の生息魚種としては、アマゴ、ヤマメ、カジカ、ウグイなどがある。以前はアマゴを放流していたが、現在は放流しておらず、10年前から代わりにヤマメを放流している。ウグイは減少した。

① 河川名　　荒城川　　　　　地図（区画）No. I4
② 漁協名　　丹生川漁協
③ 調査期日　2011年9月12日
④ 測定結果　水温　19.8℃　　pH　8.3　　　DO　8.8mg/l
⑤ 魚類採捕結果（魚種名・尾数）

	投網　（20回）		タモ網　30分　2名	
	魚種名	尾数（体長）	魚種名	尾数（体長）
1	イワナ	4（78-156mm）	アブラハヤ	9（25-30mm）
2	アマゴ	1（108mm）	アジメドジョウ	8（24-55mm）
3	ヤマメ	6（98-125mm）	カワヨシノボリ	4（13-24mm）
4	ヤマメは特に森部谷に多い			
合計	3種	11尾	3種	21尾

採捕確認魚種は6種である

　水際までツルヨシやヤナギなどの植物が生えて木陰をつくり小さな魚も多数泳ぐのが目視される。河床にはいろいろな大きさの石が散在している。ところどころに岩が露出している瀬が形成され、小さな瀬から淵に入る落ち込みも多く形成されている。小さな淵ではイワナ、アマゴ、ヤマメを採捕した。岸辺の砂地の浅瀬ではアジメドジョウの幼魚が多く生息していた。
　漁協の話によると、アユの放流は行われているが姿は見えない。

注）2000年8月の同地点での調査では、同じ方法、同じ調査員によって、投網で7種63尾、タモ網で7種72尾を採捕している。

[Ⅰ部] 現地調査

No. 5

① 河川名　　　宮川　　　　　　地図（区画）No.　H4
② 漁協名　　　宮川漁協
③ 調査期日　　2011年9月14日
④ 測定結果　　水温　21.2℃　　pH　8.7　　　DO　9.5mg/l
⑤ 魚類採捕結果（魚種名・尾数）

	投網（10回）×2名		タモ網　30分　2名	
	魚種名	尾数（体長）	魚種名	尾数（体長）
1	アユ	1（140mm）	アブラハヤ	10（25-85mm）
2	アマゴ	1（115mm）	タカハヤ	1（75mm）
3	ウグイ	19（55-132mm）	ニゴイ	1（35mm）
4			ドジョウ	1（75mm）
5			カワヨシノボリ	3
合計	3種	21尾	5種	16尾

採捕確認魚種は8種である

　河床は砂が主でところどころに0.3～0.5mの石が散在する。早瀬と平瀬が交互に連続し、アユ、アマゴ、ウグイを採捕した。特にウグイやアブラハヤの生息が多かった。

　漁協の話によると、平成15年まではアマゴを放流していたが、17年以後にヤマメに変更した。川上川ではニゴイが繁殖している。川岸の木々が災害でなくなったのでヤナギの植林をしたが、成功していない。大八賀川は大雨が降ると泥水が3日間くらいはなくならない。泥や砂利の流入が多い。

2．調査結果

No. 6

① 河川名　　　川上川　　　　　　地図（区画）No.　H5
② 漁協名　　　宮川漁協
③ 調査期日　　2011年9月14日
④ 測定結果　　水温　25.7℃　　pH　9.3　　　DO　8.9mg/l
⑤ 魚類採捕結果（魚種名・尾数）

	投網（10回）×2名		タモ網　30分　2名	
	魚種名	尾数（体長）	魚種名	尾数（体長）
1	アユ	2（138、158mm）	アブラハヤ	3
2	ヤマメ	1（88mm）	アカザ	2（27、41mm）
3	ウグイ	16（73-153mm）	ヨシノボリ類	32
合計	3 種	19尾	3 種	37尾

採捕確認魚種は6種である

　河床は砂（砂利）で0.2〜0.5mの石が散在し、石には珪藻類が繁茂している。巨石と巨石の間は砂である。平瀬〜早瀬が交互に連続し、巨石の下流のよどみや瀬のいろいろな場所で、アユ、ヤマメ、ウグイを採捕した。特にウグイは他の魚類に比較して多かった。

[Ⅰ部] 現地調査

No. 7

① 河川名　　　揖斐川　　　　　地図（区画）No. C13
② 漁協名　　　揖斐川中部漁協
③ 調査期日　　2011年9月15日
④ 測定結果　　水温　22.2℃　　pH　8.0　　DO　10.0mg/l
⑤ 魚類採捕結果（魚種名・尾数）

	投網（20回）		タモ網　30分　2名	
	魚種名	尾数（体長）	魚種名	尾数（体長）
1	オイカワ	14（50-92mm）	アブラハヤ	29（30-70mm）
2	カワムツ	1（107mm）	ヨシノボリ類	8
3	ヤリタナゴ	1（60mm）		
4	ヌマチチブ	1（63mm）		
	オイカワが優占する			
合計	4 種	17 尾	2 種	37 尾

採捕確認魚種は6種である

　平瀬が広がり、中州には草が茂っている。オイカワ、カワムツ、ヤリタナゴ、ヌマチチブを採捕した。特にオイカワやアブラハヤが他の魚種に比較して多かった。

　漁協の話によると、近年、ウグイの減少が目立つが、カワウの被害ではないかと考えられる。

2．調査結果

No. 8

① 河川名　　　粕川　　　　　　　地図（区画）No.　B13
② 漁協名　　　揖斐川中部漁協
③ 調査期日　　2011年9月15日
④ 測定結果　　水温　18.5℃　　pH　8.2　　　DO　10.6mg/l
⑤ 魚類採捕結果（魚種名・尾数）

	投網（20回）		タモ網　30分　2名	
	魚種名	尾数（体長）	魚種名	尾数（体長）
1	アマゴ	6（65-120mm）	アブラハヤ	4
2			ヨシノボリ類	8
合計	1 種	6尾	2 種	12尾

採捕確認魚種は3種である

　川岸は石垣による護岸であった。河川の中には1.0m以上の巨石が散在する。石の下流のよどみや淵などでアマゴを採捕した。

［Ⅰ部］　現地調査

No. 9

① 河川名　　　長谷川　　　　　　地図（区画）No.　B13'
② 漁協名　　　揖斐川中部漁協
③ 調査期日　　2011年9月15日
④ 測定結果　　水温　18.3℃　　pH　8.2　　　DO　10.1mg/l
⑤ 魚類採捕結果（魚種名・尾数）

	投網（10回）×2名		タモ網　30分　2名	
	魚種名	尾数（体長）	魚種名	尾数（体長）
1	アマゴ	4（75-103mm）	アブラハヤ	1
2			ヨシノボリ類	3
合計	1種	4尾	2種	4尾

採捕確認魚種は3種である

　川岸には0.2～0.5mの石が積み重なり、早瀬～平瀬～淵が連続し、流れが緩やかになったり、よどんだり、多様な状況が見られる。アマゴを採捕した。

2．調査結果

No. 10

① 河川名　　　宮川　　　　　　　地図（区画）No. H2
② 漁協名　　　宮川下流漁協
③ 調査期日　　2011年9月17日
④ 測定結果　　水温　19.8℃　　pH　8.6　　　DO　10.9mg/l
⑤ 魚類採捕結果（魚種名・尾数）

	投網（20回）		タモ網　30分　2名	
	魚種名	尾数（体長）	魚種名	尾数（体長）
1	ウグイ	2（45、75mm）	ウグイ	2（22、36mm）
2	カマツカ	1（76mm）	ヨシノボリ類	3（24-55mm）
3	アユ	1（150mm）		
合計	3種	4尾	2種	5尾

　　　　採捕確認魚種は4種である

　両岸には木々が多いが河川を覆ってはおらず日当たりはよい。大半が平瀬で水面に飛び出ている岩の下流には浅いよどみが形成されている。また、透明度が高いので河床の石組みもよく分かる。瀬の中にはアユが縄張りをつくっていそうな場所が見られ、そこで採捕した。平瀬をウグイが数尾泳ぐのが目視され、投網で採捕した。他にカマツカを採捕した。

　漁協の話によると、アマゴやヤマメが自然繁殖をしている谷はない。ブラウントラウトとイワナが多く、特にブラウントラウトが多くなったことが注目される。平成16年以後災害復旧による護岸コンクリートが増え、淵や瀬が減少した。

[Ⅰ部] 現地調査

No. 11

① 河川名　　　大長谷川　　　　地図（区画）No. G2
② 漁協名　　　宮川下流漁協
③ 調査期日　　2011年9月17日
④ 測定結果　　水温　15.0℃　　pH　－　　DO　－ mg/l
⑤ 魚類採捕結果（魚種名・尾数）

	投網（18回）		タモ網　30分　2名	
	魚種名	尾数（体長）	魚種名	尾数（体長）
1	イワナ	12（70-133mm）	なし	
合計	1種	12尾		

採捕確認魚種は1種である

　深山渓谷を呈し、両岸に樹木が多く、日当たりは良くない。岸近くにはブナも見られる。0.5～1mの石が河床に散在する。瀬の中で水面より出ている岩の下流、水がよどんだり巻いたりしているところ、淵に続いて瀬が広がるところでイワナを多く採捕し、その体長からは、自然繁殖が盛んであると思われた。底生魚が採捕されないのは注目される。

2．調査結果

No. 12

① 河川名　　　小鳥川　　　　　　　地図（区画）No.　G3
② 漁協名　　　宮川下流漁協
③ 調査期日　　2011年9月17日
④ 測定結果　　水温　16.0℃　　　pH　8.2　　　　DO　9.6mg/l
⑤ 魚類採捕結果（魚種名・尾数）

	投網（20回）		タモ網　30分　2名	
	魚種名	尾数（体長）	魚種名	尾数（体長）
1	イワナ	16（75-130mm）	水深が深く急流のため採集不可	
2	ヤマメ	6（105-145mm）		
3	ニジマス	1（170mm）		
4	ブラウントラウト	5（98-105mm）		
5	ウグイ	4（80-125mm）		
6	アブラハヤ	2（70、90mm）		
	ブラウントラウトが多い			
合計	6種	24尾		

採捕確認魚種は6種である

　近くに民家があるにもかかわらず、天然の川岸や河床があり、大きな石が水面より出ていて、その下流にいくつもの小さな淵、川岸まで繁茂するツルヨシが形成するよどみなど、魚が多く生息できる場所が多くある。よどみや、やや流れの緩やかな水深50cmほどの場所を中心に投網を10回打ったところ、イワナ16尾やヤマメ6尾に混じって同じ体長のブラウントラウトを5尾採捕した。ブラウントラウトは巨大化して周辺の魚を餌にするといわれる。投網20回（規定の回数）以外に草陰にブラウントラウトが多く生息していると思われる場所を目当てに3回打ってみた。体長8～13cmのブラウントラウトが平均4～5尾ずつ採捕した。魚食性が高いと考えると在来魚への影響が心配される。

[Ⅰ部] 現地調査

No. 13

① 河川名　　　無数河川　　　　地図（区画）No. I6
② 漁協名　　　益田川上流漁協
③ 調査期日　　2011年9月26日
④ 測定結果　　水温　14.8℃　　pH　6.6　　　DO　9.5mg/l
⑤ 魚類採捕結果（魚種名・尾数）

	投網（20回）		タモ網　30分　2名	
	魚種名	尾数（体長）	魚種名	尾数（体長）
1	アマゴ	16（65-105mm）	アブラハヤ	25
2	カワムツ	2（45、50mm）	カワムツ	1
3	ウグイ	2（115、120mm）	アカザ	2（32、33mm）
4	ヨシノボリ類	1（45mm）	アジメドジョウ	3（26-27mm）
5			ヨシノボリ類	12
合計	4種	21尾	5種	43尾

採捕確認魚種は7種である

　河川工事が常に行われており、川岸には植物が少ない。河川が平坦化しているわりにはアマゴを多く採捕した。他にもカワムツ、ウグイ、ヨシノボリを採捕した。アマゴは他の魚種に比較して非常に多く採捕した。サギ類やカワウの姿も見られた。鳥たちにとっても河川状況から絶好の餌場である。アジメドジョウを採捕するアジメ栓が、堰堤（えんてい）下流の0.3～1mの石や0.2～0.5mの石の多い所に設置してあり、大量のアジメドジョウが採れていた。

　漁協の話によると、最近はアマゴに代えてヤマメを放流している。ダム湖内では、バス、マブナ、ヘラブナ、ワカサギが増加した。最近、ワカサギの放卵は止めている。河川が平坦になって魚が減少したように思われる。サギ類やカワウによる被害が大きい。

2．調査結果

No. 14

① 河川名　　　秋神川　　　　　地図（区画）No. J7
② 漁協名　　　益田川上流漁協
③ 調査期日　　2011年9月26日
④ 測定結果　　水温　10.5℃　　pH　6.8　　　DO　10.0mg/l
⑤ 魚類採捕結果（魚種名・尾数）

	投網（10回）×2名		タモ網　30分　2名	
	魚種名	尾数（体長）	魚種名	尾数（体長）
1	イワナ	5（70-85mm）	イワナ	2（53、65mm）
2			アマゴ	1（43mm）
合計	1種	5尾	2種	3尾

採捕確認魚種は2種である

　河原は砂や泥が堆積している。河川の中の岩や水草により、河川がいくつもの細流に分かれている。岩の下流のよどみや細流が集まっている小さな淵などでイワナの成魚を採捕した。水草の中にはイワナの稚魚が生息していた。自然繁殖が活発であるように思われる。漁協の話によると、ところどころに瀬が広がっていることを利用して、アユとアマゴを放流している。現在、イワナは放流しておらず、自然繁殖である。

［Ⅰ部］ 現地調査

No. 15

① 河川名　　　秋神川　　　　　地図（区画）No. J6
② 漁協名　　　益田川上流漁協
③ 調査期日　　2011年9月26日
④ 測定結果　　水温　12.5℃　　pH　6.6　　　DO　10.0mg/l
⑤ 魚類採捕結果（魚種名・尾数）

	投網（17回）		タモ網　30分　2名	
	魚種名	尾数（体長）	魚種名	尾数（体長）
1	イワナ	3（95-125mm）	イワナ	7（55-110mm）
2			アブラハヤ	2（54、55mm）
3			アジメドジョウ	1（45mm）
合計	1種	3尾	3種	10尾

採捕確認魚種は3種である

　木立の間を川が数本に分かれて流れ、河床は草や小石や砂で構成されている。人工物が全くない自然を満喫しながら網を打ちつつ無心に上流に進んで振り返ると誰もいない。一瞬、クマにでも出会うのではないかと思うくらいの静寂である。岸辺の草陰をタモ網で探ったところ、イワナが採捕できた。体長50～60mmの稚魚も採捕され、自然繁殖が活発であると思われる。

No. 16

① 河川名　　　馬瀬川　　　　　　地図（区画）No. H7
② 漁協名　　　馬瀬川上流漁協
③ 調査期日　　2011年9月28日
④ 測定結果　　水温　14.4℃　　pH　7.2　　　DO　11.5mg/l
⑤ 魚類採捕結果（魚種名・尾数）

	投網（10回）×2名		タモ網　30分　2名	
	魚種名	尾数（体長）	魚種名	尾数（体長）
1	アユ	1（175mm）	イワナ	1（80mm）
2	ウグイ	2（120、127mm）	カジカ	3（96-100mm）
3	アマゴ	1（95mm）	アジメドジョウ	9（25-50mm）
4	カジカ	1（95mm）	ヨシノボリ類	6（42-65mm）
合計	4種	5尾	4種	19尾

　採捕確認魚種は7種である

　巨石がありその下流に深みがあって瀬が連なる。アユ、ウグイ、アマゴ、カジカを採捕した。カジカの生息に適した15～30cmの浮き石が多い。岸辺の頭大の石の下にアジメドジョウの稚魚が生息していた。体長25～50mmの稚魚であることからこの地点での繁殖は活発であると推測される。

［Ⅰ部］　現地調査

No. 17

① 河川名　　　　馬瀬川　　　　　　地図（区画）№　H8
② 漁協名　　　　馬瀬川上流漁協
③ 調査期日　　　2011年9月28日
④ 測定結果　　水温　16.4℃　　pH　7.6　　　DO　10.1mg/l
⑤ 魚類採捕結果（魚種名・尾数）

	投網（10回）×2名		タモ網　30分　2名	
	魚種名	尾数（体長）	魚種名	尾数（体長）
1	アマゴ	2（105、123mm）	ウグイ	2
2	ウグイ	14（103-156mm）	アブラハヤ	1
3			アジメドジョウ	4
4			ヨシノボリ類	4
合計	2種	16尾	4種	11尾

採捕確認魚種は5種である

　巨石が多く、その下流の水深50～100cmの深みでウグイを多く採捕した。他にはアマゴを採捕した。岸辺には体長25～40mmのアジメドジョウの稚魚が多く見られた。

2．調査結果

No. 18

① 河川名　　　小坂川　　　　　　地図（区画）No. I7
② 漁協名　　　益田川漁協
③ 調査期日　　2011年9月30日
④ 測定結果　　水温　12.6℃　　pH　8.0　　　DO　10.0mg/l
⑤ 魚類採捕結果（魚種名・尾数）

	投網（20回）		タモ網　30分　2名	
	魚種名	尾数（体長）	魚種名	尾数（体長）
1	アマゴ	8（95-130mm）	なし	
合計	1種	8尾		

　　採捕確認魚種は1種である

　川岸には石組が作られ、河川の中には数十cm〜1m以上の石が散在している。石の下流のよどみでアマゴを採捕した。タモ網では採捕はできなかった。

　漁協の話によると、この地点でいつも見られる魚種にはアユ、イワナ、アマゴ、ウグイ、アブラハヤ、アカザ、カジカ、アジメドジョウ、ヨシノボリが挙げられる。

［Ⅰ部］　現地調査

No. 19

① 河川名　　　山之口川　　　　地図（区画）No.　H7
② 漁協名　　　益田川漁協
③ 調査期日　　2011年9月30日
④ 測定結果　　水温　14.1℃　　pH　7.3　　　DO　11.0mg/l
⑤ 魚類採捕結果（魚種名・尾数）

	投網（20回）		タモ網　30分　2名	
	魚種名	尾数（体長）	魚種名	尾数（体長）
1	アマゴ	22（65-150mm）	アブラハヤ	7（20-35mm）
2	カジカ	3（72-100mm）	カジカ	5（22-95mm）
3			ヨシノボリ類	2（35、50mm）
合計	2種	25尾	3種	14尾

採捕確認魚種は4種である

　大小の石が散在し、いたるところに魚が生息する環境が形成されている。水深10～30cmの平瀬があり20～30cmの浮き石の下をタモ網で探ると、カジカが採捕できた。大きい石の下流のよどみでは、アマゴが群れて遊泳しており、合計22尾、他にカジカを3尾採捕した。

2．調査結果

No. 20

① 河川名　　　弓掛川　　　　　　地図（区画）No. H9
② 漁協名　　　馬瀬川下流漁協
③ 調査期日　　2011年10月3日
④ 測定結果　　水温　13.7℃　　pH　8.1　　　DO　10.3mg/l
⑤ 魚類採捕結果（魚種名・尾数）

	投網（20回）		タモ網　30分　2名	
	魚種名	尾数（体長）	魚種名	尾数（体長）
1	なし		アカザ	11（25-55mm）
2			アジメドジョウ	6（30-65mm）
3			ヨシノボリ類	20（16-57mm）
4			ウグイ	10（15-25mm）
合計			4種	47尾

採捕確認魚種は4種である

　岸辺にツルヨシが生えて、よどみには体長15〜25mmのウグイの稚魚が群れている。握り拳ほどの石と砂の河床にはアジメドジョウの稚魚が確認された。水面より露出する石もないため魚が生息するよどみもできない。大きな淵もあるが砂泥質の河床で水も濁っており、20回の投網では全く採捕できなかった。
　漁協の話によると、生息魚種はイワナ、アマゴ、アユ、ウナギ、カジカ、アジメドジョウの6種である。

[Ⅰ部] 現地調査

No. 21

① 河川名　　　馬瀬川　　　　　地図（区画）No. H10
② 漁協名　　　馬瀬川下流漁協
③ 調査期日　　2011年10月3日
④ 測定結果　　水温　16.5℃　　pH　7.9　　　DO　9.1mg/l
⑤ 魚類採捕結果（魚種名・尾数）

	投網（20回）		タモ網　30分　2名	
	魚種名	尾数（体長）	魚種名	尾数（体長）
1	オイカワ	2（73、95mm）	カワムツ	6（22-45mm）
2	カワムツ	21（73-113mm）	アブラハヤ	1（34mm）
3	ウグイ	3（77-122mm）	カマツカ	1（103mm）
4			ヨシノボリ類	25（17-40mm）
合計	3種	26尾	4種	33尾

採捕確認魚種は6種である

　ヤナギやツルヨシが川際まで接近している。岸辺のツルヨシの群落の中にカワムツが多く生息していた。水面から出ている石の下流や流れのよどみで網を打った。このあたりでは、イワナやアマゴは採捕されず、オイカワ、カワムツ、ウグイ、カマツカなどのコイ科魚類を採捕した。特にカワムツが他の魚種が2～3尾に対して21尾採捕できて圧倒的に多かったが、これは物陰に好んで生息する習性に合ったツルヨシ群落が発達しているためだと推測される。

① 河川名　　　石徹白川　　　　　地図（区画）No.　E7
② 漁協名　　　石徹白漁協
③ 調査期日　　2011年10月7日
④ 測定結果　　水温　12.5℃　　pH　7.9　　　DO　10.7mg/l
⑤ 魚類採捕結果（魚種名・尾数）

	投網（10回）×2名		タモ網　30分　2名	
	魚種名	尾数（体長）	魚種名	尾数（体長）
1	イワナ	4（72-95mm）	アブラハヤ	1
2	アマゴ	4（105-140mm）	カジカ	2（32、47mm）
3	カジカ	3（75-80mm）		
合計	3種	11尾	2種	3尾

採捕確認魚種は4種である

　本河川は長良川水系から離れて福井県境まで達して九頭竜川となる。数十cm～1mの石が混在して上流域特有の河床構造や川岸状況を作っている。ところどころに川岸まで植物が覆っている。イワナ、アマゴ、カジカ、アブラハヤを採捕した。カジカは体長30～50mmの稚魚も採捕され、自然繁殖が活発であると推測される。

　漁協の話によると、石徹白川は福井県との協同漁場であるが、放流業を含めた漁場管理は全て石徹白が行っており、石徹白地区住民全員が組合員である。アユの生息量はきわめて少なく、アユの遊漁券は年間10枚程度の売り上げである。イワナは貴重魚種として注目されており、人工産卵床が構成されている。イワナとアマゴ、カジカはそれぞれ繁殖が活発である。ウグイは昔は多かったが今ではほとんど姿を見ない。ニジマスは下流部のみに放流している。アジメドジョウは活発に生息している。コイ・フナは水温が低く生息に適さないために放流は行っていない。

［Ⅰ部］　現地調査

No. 23

① 河川名　　　庄川・一色川合流　　　地図（区画）No.　F6
② 漁協名　　　庄川漁協
③ 調査期日　　2011年10月7日
④ 測定結果　　水温　14.0℃　　pH　7.6　　　DO　9.5mg/l
⑤ 魚類採捕結果（魚種名・尾数）

	投網（20回）		タモ網　30分　2名	
	魚種名	尾数（体長）	魚種名	尾数（体長）
1	イワナ	1（160mm）	カジカ	1（60mm）
2	アマゴ	1（95 mm）	アジメドジョウ	3（25-30mm）
3	ヤマメ	10（103-132mm）		
4	アユ	1（132mm）		
5	ウグイ	4（130-155mm）		
合計	5種	17尾	2種	4尾

採捕確認魚種は7種である

　1m程度の大きい石から数十cmの石の間に水が流れ、石組みでできた深みやよどみで、イワナ、アマゴ、ヤマメ、アユ、ウグイを採捕した。河川の中に草が生えているところもある。浮き石のある場所で、カジカやアジメドジョウを採捕した。アジメドジョウは体長25〜30mmの稚魚であり、この地点で繁殖していると思われる。

　漁協の話によると、イワナとヤマメの生息比率は20：80。他にアマゴ、カジカ、ウナギ、アブラハヤ、ウグイをあわせて7種が生息している。アブラハヤとウグイはダム湖のみに生息する。高速道路の融雪剤の散布で虫（水生昆虫）が減少し、魚も減少した。

2．調査結果

No. 24

① 河川名　　　庄川　　　　　　　地図（区画）No. F6'
② 漁協名　　　庄川漁協
③ 調査期日　　2011年10月7日
④ 測定結果　　水温　13.5℃　　　pH　7.3　　　　DO　10.5mg/l
　　人工河川　水温　13.6℃　　　pH　7.7　　　　DO　10.0mg/l
⑤ 魚類採捕結果（魚種名・尾数）

	投網（20回）		タモ網　30分　2名	
	魚種名	尾数（体長）	魚種名	尾数（体長）
1	ヤマメ	11　（90-150mm）	なし	
2	アマゴ	5　（90-130mm）		
3	イワナ	4　（70-95mm）		
4	ウグイ	8　（30-170mm）		
5	アブラハヤ	65		
6	タカハヤ	71		
	80％以上が人工河川での採捕			
合計	6種	164尾		

採捕確認魚種は6種である

　ヤマメ、アマゴ、イワナ、ウグイ、アブラハヤ、タカハヤを採捕した。中でもアブラハヤ65尾、タカハヤ71尾と多かった。80％以上が人工河川での採捕であった。

[Ⅰ部]　現地調査

No. 25

① 河川名　　　長良川　　　　　　地図（区画）No.　E8
② 漁協名　　　郡上漁協
③ 調査期日　　2011年10月12日
④ 測定結果　　水温　14.8℃　　pH　8.4　　　DO　9.7mg/l
⑤ 魚類採捕結果（魚種名・尾数）

	投網（10回）×2名		タモ網　30分　2名	
	魚種名	尾数（体長）	魚種名	尾数（体長）
1	アユ	1（145mm）	ウグイ	15
2	アマゴ	9（65-123mm）	カワムツ	8
3			アカザ	1（45mm）
4			アジメドジョウ	2（45mm）
5			ヨシノボリ類	28
合計	2種	10尾	5種	54尾

採捕確認魚種は7種である

　数十cm～1m以上の石が瀬の中に散在しており、魚の生息できると思われる場所が多くある。瀬の中のよどみや小さな淵でアユとアマゴを採捕した。河床の大小の石には多くの藻類が繁茂しており、絶好のアユ釣り場でもある。

　漁協の話によると、生息魚種はイワナ、アマゴ、アユ、ウグイ、アブラハヤ、カジカ、アジメドジョウの7種で最近カジカが増加した。河川環境については次の3点が挙げられる。①河床の低下が著しく、10年間で2mも低下しているところもある。②市民の意識が向上し広葉樹も植樹するようになり、山の保水力が向上している。③水質が著しく向上し、藻類も良好でアユの味も良くなった（郡上アユ）。

2．調査結果

No. 26

① 河川名　　　長良川（大和）　地図（区画）No. F9
② 漁協名　　　郡上漁協
③ 調査期日　　2011年10月12日
④ 測定結果　　水温　17.6℃　　pH　8.7　　　DO　10.5mg/l
⑤ 魚類採捕結果（魚種名・尾数）

	投網（10回）×2名		タモ網　30分　2名	
	魚種名	尾数（体長）	魚種名	尾数（体長）
1	アユ	1（120mm）	カワムツ	33
2	オイカワ	5（80-112mm）	アジメドジョウ	4（35-61mm）
3	カワムツ	2（70、73mm）	ヨシノボリ類	41
合計	3種	8尾	3種	78尾

　　採捕確認魚種は5種である

　河川の流心部が石と小石で構成され、石と石の間の小石の中にアジメドジョウやカワヨシノボリが多く生息している。水温は17.6℃であり、イワナやアマゴのサケ科魚類は採捕できず、アユ、オイカワ、カワムツが採捕できた。

[Ⅰ部] 現地調査

No. 27

① 河川名　　　吉田川　　　　　地図（区画）No.　F9'
② 漁協名　　　郡上漁協
③ 調査期日　　2011年10月12日
④ 測定結果　　水温　16.2℃　　pH　8.6　　　DO　13.3mg/l
⑤ 魚類採捕結果（魚種名・尾数）

	投網（20回）		タモ網　30分　2名	
	魚種名	尾数（体長）	魚種名	尾数（体長）
1	アユ	1　（155mm）	アジメドジョウ	7　（23-35mm）
2	アマゴ	4　（113-140mm）	ヨシノボリ類	23
3	オイカワ	1　（73mm）		
4	ウグイ	6　（112-165mm）		
合計	4種	12尾	2種	30尾

採捕確認魚種は6種である

　平瀬が広がり岸辺は砂や小石が分布し、ツルヨシの群落が続く。この群落にアジメドジョウが生息していた。アジメドジョウの体長は23〜25mmで、自然繁殖が活発であるように思われる。河川の中には20〜30cmの石が見え隠れして、よどみや落ち込みでアユ、アマゴ、オイカワ、ウグイを採捕した。

2．調査結果

No. 28

① 河川名　　　鬼谷川　　　　　　地図（区画）No.　G10
② 漁協名　　　和良漁協
③ 調査期日　　2011年10月14日
④ 測定結果　　水温　13.8℃　　pH　8.6　　　DO　11.0mg/l
⑤ 魚類採捕結果（魚種名・尾数）

	投網（10回）×2名		タモ網　30分　2名	
	魚種名	尾数（体長）	魚種名	尾数（体長）
1	アマゴ	7　（90-170mm）	アジメドジョウ	28（28-62mm）
2	オイカワ	10　（45-105mm）	ヨシノボリ類	53
3	ウグイ	5　（70-135mm）		
4	カワムツ	61　（70-120mm）		
5	アブラハヤ	4　（40-95mm）		
6	ヨシノボリ類	34　（25-60mm）		
合計	6種	121尾	2種	81尾

採捕確認魚種は7種である

　川岸に10～20cmの石が散在し、ツルヨシ群落が続く。川岸の水深10～30cmのところにアジメドジョウが多数生息していた。床固めの堰堤（エプロン）にはヨシノボリ類やアジメドジョウが多く生息していた。特にカワムツが岸辺のツルヨシ群落の中に群れて生息し、その中に入ると数十尾がさぁっと流れのある方向へ移動する光景に出合った。

　漁協の話によると、河川に周辺から砂泥が流入しているために川が荒れ、アユには良くない環境になっている。また、河川の形状が単調になっている。カワウの被害が大きい。アマゴは放流するがシラメとなって下流に下ってしまう。

[Ⅰ部] 現地調査

No. 29

① 河川名　　鹿倉川　　　　地図（区画）No.　G10'
② 漁協名　　和良漁協
③ 調査期日　2011年10月14日
④ 測定結果　水温　14.4℃　　pH　8.4　　　DO　11.5mg/l
⑤ 魚類採捕結果（魚種名・尾数）

	投網（10回）×2名		タモ網　30分　2名	
	魚種名	尾数（体長）	魚種名	尾数（体長）
1	アマゴ	86（80-140mm）	カワムツ	1
2	アブラハヤ	1（35mm）	カジカ	2（40、45mm）
3	ウグイ	12（75-125mm）	ドジョウ	1（80mm）
4	カジカ	1（100mm）	アジメドジョウ	6（35-55mm）
5	ヨシノボリ類	1（40mm）	ヨシノボリ類	6
合計	5種	101尾	5種	16尾

採捕確認魚種は8種である

　河原から河川の中まで10～40cmの石が多い。河川の中には深みや物陰などの魚が生息できそうな場所が多くある。特にアマゴは極めて多く生息しており、20回の投網で86尾採捕した。堰堤(えんてい)下流の平瀬にアジメドジョウやカジカが多く生息していた。なお、ドジョウとアジメドジョウを同地点で採捕したが、これは本調査地点が飛騨川の上流ではあるが、盆地・平野であることと関係していると思われる。

2．調査結果

No. 30

① 河川名　　牧田川　　　　　　地図（区画）No.　C15
② 漁協名　　牧田川漁協
③ 調査期日　2011年10月19日
④ 測定結果　水温　18.0℃　　pH　8.7　　　DO　9.5mg/l
⑤ 魚類採捕結果（魚種名・尾数）

	投網（20回）		タモ網　30分　2名	
	魚種名	尾数（体長）	魚種名	尾数（体長）
1	オイカワ	12（40-65mm）	アブラハヤ（稚魚）	2
2	カワムツ	4（40-53mm）	オイカワ（稚魚）	9
3	アブラハヤ	1（60mm）	タモロコ	1（56mm）
4			ドジョウ	1（45mm）
5			カワムツ	6
合計	3種	17尾	5種	19尾

採捕確認魚種は5種である

　平瀬が続き、河床は砂と泥、小石が多く、岸にはツルヨシが茂る。河川の流れのある場所でオイカワを多く採捕し、岸近くではカワムツやアブラハヤを採捕した。また、岸辺の流れのない河床が泥の場所ではドジョウを採捕した。

注）1998年8月の同地点での調査では、同じ方法、同じ調査員によって、投網で3種39尾、タモ網で4種200尾を採捕している。

[Ⅰ部] 現地調査

No. 31

① 河川名　　　藤古川　　　　　　地図（区画）No.　B14
② 漁協名　　　牧田川漁協
③ 調査期日　　2011年10月19日
④ 測定結果　　水温　18.0℃　　pH　8.3　　　DO　10.5mg/l
⑤ 魚類採捕結果（魚種名・尾数）

	投網（20回）		タモ網　30分　2名	
	魚種名	尾数（体長）	魚種名	尾数（体長）
1	オイカワ	15（65-100mm）	カワムツ	3
2	カワムツ	3（55-60mm）	アカザ	1（50mm）
3	ヨシノボリ類	1（35mm）	アジメドジョウ	41（25-30mm）
4			ヨシノボリ類	69
合計	3種	19尾	4種	114尾

採捕確認魚種は6種である

　河原にも河川の中にも20～40cmの石が多くある。この大小さまざまな石によって早瀬や平瀬を形成している。よどみのやや緩やかな平瀬ではオイカワやヨシノボリ類を採捕した。平瀬から早瀬に移行する水深10～20cmのところではアジメドジョウやヨシノボリ類を多く採捕し、特にアジメドジョウは体長が25～30mmで、当年の春季に孵化した稚魚であると判断され、繁殖が活発であると思われる。

注）1998年10月5日の同地点での調査では、同じ方法、同じ調査員によって、投網で4種24尾、タモ網で7種190尾を採捕している。

No. 32

① 河川名　　　牧田川（多良峡）　　地図（区画）No.　B15
② 漁協名　　　牧田川漁協
③ 調査期日　　2011年10月19日
④ 測定結果　　水温　17.8℃　　pH　8.6　　　DO　10.4mg/l
⑤ 魚類採捕結果（魚種名・尾数）

	投網（20回）		タモ網　30分　2名	
	魚種名	尾数（体長）	魚種名	尾数（体長）
1	アマゴ	1（112mm）	カワムツ	7
2	オイカワ	4（70-100mm）	アブラハヤ	2
3	カワムツ	2（100、110mm）	アカザ	2（33、75mm）
4			アジメドジョウ	35
5			ヨシノボリ類	25
合計	3種	7尾	5種	71尾

採捕確認魚種は7種である

　多良峡は牧田川でも有名な渓谷の一つであり、水の流れや速さが多様に変化して、大きな石の下流やよどみ、落ち込みなど、いろいろな状況が見られる。投網ではアマゴ、オイカワ、カワムツを採捕した。平瀬・早瀬で直径10～30cmの石で構成されているところでは、アジメドジョウの成魚、数尾が1回のタモ網で採捕できる状況であった。さらに岸側のよどみにアブラハヤやオイカワが生息し、早瀬の岸側の水深5～10cmのところにはアジメドジョウの幼魚が多く生息していた。

注）1996年6月2日の同地点の調査では、同じ方法、同じ調査員によって、投網で4種15尾、タモ網で3種66尾を採捕している。

［Ⅰ部］　現地調査

No. 33

① 河川名　　　湯舟沢川　　　　地図（区画）No.　K12
② 漁協名　　　恵那漁協
③ 調査期日　　2011年10月24日
④ 測定結果　　水温　16.0℃　　pH　8.5　　　DO　9.5mg/l
⑤ 魚類採捕結果（魚種名・尾数）

	投網（10回）×2名		タモ網　30分　2名	
	魚種名	尾数（体長）	魚種名	尾数（体長）
1	アマゴ	7　（80-120mm）	アマゴ	1　（40mm）
2			カワムツ	1　（40mm）
3			アブラハヤ	1　（45mm）
4			ヨシノボリ類	6
合計	1種	7尾	4種	9尾

採捕確認魚種は4種である

　川岸は水際までツルヨシが繁茂し、ところどころに同じくツルヨシが繁茂する小さな中洲がある。20～80cmまでの大小の石で上流域の河川構造が形成され、水深が30～50cmのよどみでアマゴを採捕した。

　漁協の話によると、年間を通じてイワナ、アマゴ、アユが中心である。カマツカやアジメドジョウは減少した。ウグイは多くなった。他にニジマス、オイカワ、カワムツ、コイ、ウナギ、カジカ、アカザが生息しているが、その生息量は少ない。

2．調査結果

No. 34

① 河川名　　　川上川　　　　　　地図（区画）No. K12'
② 漁協名　　　恵那漁協
③ 調査期日　　2011年10月24日
④ 測定結果　　水温　18.3℃　　pH　7.9　　　DO　8.3mg/l
⑤ 魚類採捕結果（魚種名・尾数）

	投網　（20回）		タモ網　30分　2名	
	魚種名	尾数（体長）	魚種名	尾数（体長）
1	アマゴ	2　（100、105mm）	ヨシノボリ類	13（25-50mm）
2	ウグイ	5　（125-150mm）		
3	カワムツ	1　（100mm）		
合計	3種	8尾	1種	13尾

採捕確認魚種は4種である

　平瀬が広がり、30～40cmの石が散在する。川岸や河川の中央部に1m程度の石もあり、多様な生息環境を形成している。アマゴ、ウグイ、カワムツを採捕したが、その量は多くない。

[Ⅰ部] 現地調査

No. 35

① 河川名　　　付知川　　　　　地図（区画）No.　J11
② 漁協名　　　恵那漁協
③ 調査期日　　2011年10月24日
④ 測定結果　　水温　16.5℃　　pH　8.2　　　DO　4.2mg/l
⑤ 魚類採捕結果（魚種名・尾数）

	投網（20回）		タモ網　30分　2名	
	魚種名	尾数（体長）	魚種名	尾数（体長）
1	アマゴ	1（120mm）	ウグイ	1（35mm）
2	ウグイ	2（120、150mm）	シマドジョウ	1（25mm）
3			ヨシノボリ類	2（20、30mm）
合計	2種	3尾	3種	4尾

採捕確認魚種は4種である

　数十cm～1mまでの大小の石が川岸から河川の中までの河川環境を形成している。流れの緩やかになったところや大きな石の下流などでアマゴとウグイを採捕した。

2. 調査結果

No. 36

① 河川名　　佐見川　　　　　　地図（区画）No.　H11
② 漁協名　　飛騨川漁協
③ 調査期日　2011年10月24日
④ 測定結果　水温　15.2℃　　pH　7.9　　　DO　9.6mg/l
⑤ 魚類採捕結果（魚種名・尾数）

	投網（10回）×2名		タモ網　30分　2名	
	魚種名	尾数（体長）	魚種名	尾数（体長）
1	アマゴ	1　（110mm）	アブラハヤ	2　（30、40mm）
2	ウグイ	5　（85-140mm）	ヨシノボリ類	12　（25-40mm）
3	カワムツ	3　（95-100mm）		
4	オイカワ	1　（120mm）		
5	コイ	1　（80mm）		
6	アブラハヤ	1　（100mm）		
合計	6種	12尾	2種	14尾

採捕確認魚種は7種である

　片側はコンクリート護岸で、河原はほとんどなく、河床から大きな石が飛び出しその周辺のよどみや淵でアマゴ、ウグイ、カワムツ、オイカワ、コイ、アブラハヤを採捕した。しかし、投網による採捕尾数は各魚種共に1～5尾であった。

［Ⅰ部］　現地調査

No. 37

① 河川名　　　白川　　　　　　地図（区画）No.　H11'
② 漁協名　　　飛騨川漁協
③ 調査期日　　2011年10月24日
④ 測定結果　　水温　15.6℃　　pH　7.5　　　DO　8.8mg/l
⑤ 魚類採捕結果（魚種名・尾数）

	投網（10回）×2名		タモ網　30分　2名	
	魚種名	尾数（体長）	魚種名	尾数（体長）
1	ウグイ	3（70-80mm）	カワムツ	3（25-30mm）
2	オイカワ	2（60、75mm）	アジメドジョウ	4（30-40mm）
3	カワムツ	2（70、75mm）	ヨシノボリ類	15（25-45mm）
合計	3種	7尾	3種	22尾

採捕確認魚種は5種である

　河原にも数十cm～1mくらいの石がごろごろして、よどみや淵や落ち込みを形成している。20回の投網でウグイ、オイカワ、カワムツを合計7尾採捕した。水辺までの植物が繁茂しているところも見られ、アジメドジョウも見られた。

① 河川名　　明智川　　　　　地図（区画）No.　J15
② 漁協名　　矢作川漁協
③ 調査期日　2011年10月28日
④ 測定結果　水温　14.4℃　　pH　7.9　　　DO　10.0mg/l
⑤ 魚類採捕結果（魚種名・尾数）

	投網（10回）×2名		タモ網　30分　2名	
	魚種名	尾数（体長）	魚種名	尾数（体長）
1	アマゴ	1　（125mm）	アブラハヤ	3　（45-56mm）
2	オイカワ	3　（75-110mm）	カワムツ	14　（30-56mm）
3	カワムツ	3　（62-77mm）	ヨシノボリ類	9
合計	3種	7尾	3種	26尾

採捕確認魚種は5種である

　水量が多く、河川の中心部に入ることができなかった。川岸から河川の中央部にかけて大きな石が水中から水面上まで見え隠れしており、そこでは、アマゴ、オイカワ、カワムツを採捕した。

[Ⅰ部] 現地調査

No. 39

① 河川名　　　根羽川　　　　　　地図（区画）No.　K15'
② 漁協名　　　矢作川漁協
③ 調査期日　　2011年10月28日
④ 測定結果　　水温　14.7℃　　pH　7.8　　　DO　11.4mg/l
⑤ 魚類採捕結果（魚種名・尾数）

	投網（10回）×2名		タモ網　30分　2名	
	魚種名	尾数（体長）	魚種名	尾数（体長）
1	ウグイ	1（100mm）	ヨシノボリ類	6
2	オイカワ	2（90mm）		
合計	2種	3尾	1種	6尾

採捕確認魚種は3種である

　川岸には石積がある。岸近くの石の上には泥がかぶっているものが多いが、河川の中央の藻類は良好である。ツルヨシがその内側に繁茂している。河川全面のいたるところによどみや瀬が形成され、投網を打つポイントが多くあるが、ウグイ1尾とオイカワ2尾を採捕したにすぎなかった。

【コラム②　投網を打つ前に】

　投網を打つ前にまず川の状況を見る。瀬や淵の水量や河床や水面に出ている石の状況など川は多種多様な姿を見せてくれる。「あの岩の下流は水が巻いているから魚がいそうだ」「瀬の下流の淵は投網を打つには適当な大きさであり多くの魚がいそうだ」「堰堤（えんてい）の下の小さな水たまりは魚が集まっていそうだ」「水際の植物の中には魚が隠れていそうだ」「川の中の石の下流にできるよどみには魚が集まっていそうだ」など、はじめに川の状況を眺めながら、今まで蓄積してきた情報を頭に浮かべて、投網を打つ場所を大まかに決める。

　自分の予想通り、投網の採捕状況が良好であったときほどうれしいことはないが、その反対で採捕状況が悪かったときは疲れが倍増することもある。最近は、このような場面が著しく多くなった。自分の情報不足か、または、河川の水質や河床などの状況変化が甚だしいのかなど、その原因を考えながらの作業は大変である。

　時々、自らの投網を打つ技術は……と気になり、さまざまな場面で他人の投網を横目で観察することがある。打つポイントの流況、網目、網の広がり方などをチェックしてみる。時には、年齢の割りに素晴らしく上手な人に出会う。反省しきりの場面である。心を込めて現場に出掛ける。

2．調査結果

No. 40

① 河川名　　　上村川　　　　　地図（区画）No. K15
② 漁協名　　　矢作川漁協
③ 調査期日　　2011年10月28日
④ 測定結果　　水温　13.8℃　　pH　7.9　　　DO　11.8mg/l
⑤ 魚類採捕結果（魚種名・尾数）

	投網（10回）		タモ網　30分　2名	
	魚種名	尾数（体長）	魚種名	尾数（体長）
1	アマゴ	20（75-115mm）	アブラハヤ	12
2			ヨシノボリ類	9
合計	1種	20尾	2種	21尾

採捕確認魚種は3種である

　数十cm～2m近くの石が河川の中に散在し、瀬や淵を形成している。流れの速い場所にある石の下流やよどみではアマゴを多く採捕した。投網では、アマゴ以外は採捕できなかった。河床の石には藻類が多く良好である。

　漁協の話によると、夏季には放流アユがよく成長し、体長18～22cmに達するといわれるが、今回の調査でも河床の藻類の成長が良好であることが確認され、河床の状況から納得できる話である。

[Ⅰ部] 現地調査

No. 41

① 河川名　　　佐々良木川（合流点）　地図（区画）No. I14'
② 漁協名　　　土岐川漁協
③ 調査期日　　2011年10月31日
④ 測定結果　　水温　15.8℃　　pH　7.6　　　DO　9.0mg/l
⑤ 魚類採捕結果（魚種名・尾数）

	投網（10回）×2名		タモ網　30分　2名	
	魚種名	尾数（体長）	魚種名	尾数（体長）
1	アマゴ	2（120、155mm）	カワムツ	15
2			アカザ	1
3			ヨシノボリ類	14
合計	1種	2尾	3種	30尾

採捕確認魚種は4種である

　川岸は砂や数十cmまでの石で構成され、ツルヨシが繁茂している。河川の中にもツルヨシが生育してその周りを水が分かれて流れているところもある。石の形は丸く、流れも穏やかである。投網20回でアマゴを2尾採捕した。本流に流入する細流の水草の中でカワムツを採捕した。

2. 調査結果

No. 42

① 河川名　　小里川　　　　地図（区画）No. I14
② 漁協名　　土岐川漁協
③ 調査期日　2011年10月31日
④ 測定結果　水温　17.7℃　　pH　8.1　　DO　9.8mg/l
⑤ 魚類採捕結果（魚種名・尾数）

	投網（20回）		タモ網　30分　2名	
	魚種名	尾数（体長）	魚種名	尾数（体長）
1	アユ	1（160mm）	ニゴイ	1（65mm）
2	オイカワ	51（68-120mm）	カワムツ	4（20-50mm）
3			タモロコ	1（52mm）
4			ドンコ	1（30mm）
5			ヨシノボリ類	16（20-50mm）
合計	2種	52尾	5種	23尾

採捕確認魚種は7種である

　河原が少なく、河川の中にいくつかのツルヨシの生育している場所があり、流れが分かれている。早瀬の石の下流に多くのよどみがあり、その周辺に広がる平瀬では多くのオイカワを採捕した。圧倒的にオイカワが多い。アユも採捕した。

[Ⅰ部]　現地調査

No. 43

① 河川名　　　木曽川　　　　　　地図（区画）No.　G13
② 漁協名　　　日本ライン漁協
③ 調査期日　　2011年11月2日
④ 測定結果　　水温　16.8℃　　　pH　8.1　　　DO　8.0mg/l
⑤ 魚類採捕結果（魚種名・尾数）

	投網（20回）		タモ網　30分　2名	
	魚種名	尾数（体長）	魚種名	尾数（体長）
1	ニゴイ	1（400mm）	オイカワ	2
2			ヨシノボリ類	9
合計	1種	1尾	2種	11尾

採捕確認魚種は3種である

　河床の石の上にはヘドロが堆積している。水深50〜100cmの平坦な流れが続く。流れが変化しているところやよどんでいるところなどに投網を20回打ったが、ニゴイを1尾採捕しただけであった。川岸の浅瀬にはオイカワの稚魚が見られた。
　漁協の話によると、アユ、ウグイ、オイカワ、フナ、コイ、ニゴイ、ヨシノボリが生息している。

① 河川名　　旅足川　　　　　　地図（区画）No.　H13
② 漁協名　　日本ライン漁協
③ 調査期日　2011年11月2日
④ 測定結果　水温　13.4℃　　pH　8.1　　　DO　10.4mg/l
⑤ 魚類採捕結果（魚種名・尾数）

	投網（18回）		タモ網　30分　2名	
	魚種名	尾数（体長）	魚種名	尾数（体長）
1	アマゴ	6（75-120mm）	アブラハヤ	1（80mm）
2			アカザ	1（35mm）
3			ヨシノボリ類	14（20-45mm）
4			アジメドジョウ	6（32-60mm）
合計	1種	6尾	4種	22尾

採捕確認魚種は5種である

　川岸は握り拳の大きさから数十cmまでの石があり、植物はほとんど見られない。瀬と淵が散在して、アマゴを採捕した。アジメドジョウも多く生息している。
　漁協の話によると、旅足川ではアマゴ、アユ、ウグイ、ヨシノボリ、アジメドジョウ、ナマズ、ウナギ、カマツカ、ニゴイなどが、木曽川本流ではアマゴ、ニジマス、ウグイ、オイカワ、フナ、コイ、ナマズ、ウナギ、ニゴイ、ブラックバス、ブルーギルなどが生息している。今回の調査結果との違いの大きさについての検討が必要だと思われる。

注）1993年8月27日の同地点での調査では、同じ方法、同じ調査員によって、投網で7種24尾、タモ網で6種58尾を採捕している。

［Ⅰ部］　現地調査

No. 45

① 河川名　　　伊自良川　　　　　地図（区画）No.　D13
② 漁協名　　　長良川漁協
③ 調査期日　　2011年11月7日
④ 測定結果　　水温　19.7℃　　pH　7.2　　　DO　9.5mg/l
⑤ 魚類採捕結果（魚種名・尾数）

	投網（20回）		タモ網　30分　2名	
	魚種名	尾数（体長）	魚種名	尾数（体長）
1	オイカワ	19（28-105mm）	ヨシノボリ類	47
2	ニゴイ	1（75mm）	ドンコ	1
3	カワムツ	1（80mm）	アブラボテ	2
4	カマツカ	1（33mm）	オイカワ	12
5	アブラボテ	1	カワムツ	11
6			アブラハヤ	12
7			ゼゼラ	8
8			メダカ	2
9			ギンブナ	1
10			カマツカ	1
11			ヤリタナゴ	1
12			スナヤツメ	1
合計	5種	23尾	12種	99尾

採捕確認魚種は13種である

　川岸には石はなく水辺まで多様な植物が繁茂して多くの魚種が生息している。大きな石はなく、河床は泥や砂が多い。流れがよどんだり、ワンドもあり、河床には多くの水草も生えている。オイカワ、ニゴイ、カワムツ、カマツカ、アブラボテなど13種を採捕した。投網ではオイカワが圧倒的に多かった。また、ドンコ、アブラボテ、メダカ、ヤリタナゴ、スナヤツメなど、最近、周辺の河川で比較的減っているという魚類の生息が確認できた。

注）1999年2月24日の同地点での調査では、同じ方法、同じ調査員によって、投網で10種72尾、タモ網で10種123尾を採捕している。

2．調査結果

川の風景〜その1〜

1990年代前半の長良川
墨俣地区の干潮時の風景

上記と同地点、同日の満潮
時の風景

[Ⅰ部] 現地調査

No. 46

① 河川名　　　根尾川　　　　　地図（区画）No. C11
② 漁協名　　　根尾川筋漁協
③ 調査期日　　2011年11月9日
④ 測定結果　　水温　14.3℃　　pH　8.3　　　DO　9.1mg/l
⑤ 魚類採捕結果（魚種名・尾数）

	投網（10回）×2名		タモ網　30分　2名	
	魚種名	尾数（体長）	魚種名	尾数（体長）
1	なし		アブラハヤ	13（20-40mm）
2			アジメドジョウ	1（40mm）
3			ヨシノボリ類	27（15-50mm）
合計			3種	41尾

採捕確認魚種は3種である

　平瀬が広がって流速は著しく遅い（トロ場）。魚がとどまるような場所もなく、20回の投網では魚類は全く採捕できなかった。

注）1994年7月1日の同地点での調査では、同じ方法、同じ調査員によって、投網で3種48尾、タモ網で5種75尾を採捕している。

No. 47

① 河川名　　根尾川・能郷谷　　地図（区画）No.　C10
② 漁協名　　根尾川筋漁協
③ 調査期日　2011年11月9日
④ 測定結果　水温　13.6℃　　pH　8.1　　　DO　9.0mg/l
⑤ 魚類採捕結果（魚種名・尾数）

	投網（16回）		タモ網　30分　2名	
	魚種名	尾数（体長）	魚種名	尾数（体長）
1	アマゴ	2（90、102mm）	アブラハヤ	5
2	カジカ	8（80-105mm）	タカハヤ	12
3			カジカ	3（42-53mm）
合計	2種	10尾	3種	20尾

採捕確認魚種は4種である

　ツルヨシが河川全体を覆っており、その中を細流が3〜5筋流れる。河川の中央の中洲のような場所には大きな木も生えている。小堰堤（えんてい）があり、その下のテトラ下流の淵やよどみでアマゴやカジカを採捕した。

注）1994年7月16日の同地点での魚類調査では、同じ方法、同じ調査員によって、投網で2種32尾、タモ網で2種22尾を採捕している。

[Ⅰ部]　現地調査

No. 48

① 河川名　　　揖斐川・高知川　　　地図（区画）No.　C12
② 漁協名　　　揖斐川久瀬漁協
③ 調査期日　　2011年11月9日
④ 測定結果　　水温　12.9℃　　pH　8.3　　　DO　12.9mg/l
⑤ 魚類採捕結果（魚種名・尾数）

	投網（18回）		タモ網　30分　2名	
	魚種名	尾数（体長）	魚種名	尾数（体長）
1	アマゴ	5　（85-130mm）	アブラハヤ	2　（70、75mm）
2			カジカ	1　（65mm）
3			ヨシノボリ類	5　（25-50mm）
合計	1種	5尾	3種	8尾

採捕確認魚種は4種である

　川岸は10cm内外の石と砂であった。緩やかな流れが続く。橋げたや対岸の岩場にできたよどみや淵でアマゴを採捕した。

No. 49

① 河川名　　　揖斐川・大谷川　　　地図（区画）No.　B11
② 漁協名　　　揖斐川上流漁協
③ 調査期日　　2011年11月9日
④ 測定結果　　水温　12.8℃　　pH　8.0　　　DO　12.0mg/l
⑤ 魚類採捕結果（魚種名・尾数）

	投網（10回）×2名		タモ網　30分　2名	
	魚種名	尾数（体長）	魚種名	尾数（体長）
1	アマゴ	4　（93-112mm）	イワナ	1　（340mm）
2	ウグイ	1　（136mm）	アマゴ	1　（90mm）
3	アブラハヤ	41　（70-125mm）	アブラハヤ	15　（40-85mm）
4			ヨシノボリ類	10　（30-50mm）
合計	3種	46尾	4種	27尾

採捕確認魚種は5種である

　川岸は10～30cmの石が散在し、対岸は水辺まで植物が繁茂している。水中には大きな石も見られ、よどみや淵も形成されている。アマゴ、ウグイ、アブラハヤを採捕した。タモ網で体長34cmのイワナを採捕した。

[Ⅰ部] 現地調査

No. 50

① 河川名　　　武儀川　　　　　　地図（区画）No. E12
② 漁協名　　　長良川中央漁協
③ 調査期日　　2011年11月14日
④ 測定結果　　水温　14.0℃　　pH　8.0　　　DO　8.3mg/l
⑤ 魚類採捕結果（魚種名・尾数）

	投網（10回）×2名		タモ網　30分　2名	
	魚種名	尾数（体長）	魚種名	尾数（体長）
1	オイカワ	5（65-85mm）	アブラハヤ	24（28-60mm）
2	カワムツ	2（70、72mm）	カワムツ	4（40-48mm）
3	ニゴイ	1（80mm）	オイカワ	1（42mm）
4			アブラボテ	5（33-48mm）
5			アカザ	1（38mm）
6			アジメドジョウ	1（42mm）
7			ヨシノボリ類	34
合計	3種	8尾	7種	70尾

採捕確認魚種は8種である

　河床は砂と10～20cmの小石が混じった砂利であった。岸辺には植物が繁茂している。流れも変化がない平瀬を下流から上流に投網を打って、オイカワ、カワムツ、ニゴイを採捕した。アブラハヤやアジメドジョウも採捕した。

2．調査結果

No. 51

① 河川名　　　武儀川　　　　　　地図（区画）No.　D11
② 漁協名　　　美山漁協
③ 調査期日　　2011年11月14日
④ 測定結果　　水温　12.5℃　　pH　8.4　　　DO　12.5mg/l
⑤ 魚類採捕結果（魚種名・尾数）

	投網（10回）×2名		タモ網　30分　2名	
	魚種名	尾数（体長）	魚種名	尾数（体長）
1	アマゴ	9（63-123mm）	アカザ	1
2	オイカワ	7（81-103mm）	アジメドジョウ	2（30mm）
3	カワムツ	1（75mm）	ヨシノボリ類	5
合計	3種	17尾	3種	8尾

採捕確認魚種は6種である

　川岸にはツルヨシなどの植物が生えている。平瀬や小さな淵でアマゴ、オイカワ、カワムツを採捕した。アジメドジョウも生息していた。

［Ⅰ部］　現地調査

No. 52

① 河川名　　　板取川・岩本洞　　　地図（区画）No.　E10
② 漁協名　　　板取川上流漁協
③ 調査期日　　2011年11月14日
④ 測定結果　　水温　10.6℃　　pH　8.4　　　DO　11.5mg/l
⑤ 魚類採捕結果（魚種名・尾数）

	投網（16回）		タモ網　30分　2名	
	魚種名	尾数（体長）	魚種名	尾数（体長）
1	アマゴ	11（80-125mm）	アブラハヤ	1
合計	1種	11尾	1種	1尾

採捕確認魚種は2種である

　本流には平坦な平瀬が広がっている。投網でアマゴを、タモ網でアブラハヤを採捕した。
　漁協の話によると、本流ではアマゴの放流は行っているが、支流では行っていないとのことである。支流のアマゴの生息数は多いが、これは本流から移動してきたものと考えられる。

注）2004年8月8日の同地点での調査では、同じ方法、同じ調査員の調査によって、投網で4種55尾、タモ網で5種39尾を採捕している。

2．調査結果

No. 53

① 河川名　　　津保川　　　　　　地図（区画）No.　G11
② 漁協名　　　津保川漁協
③ 調査期日　　2011年11月25日
④ 測定結果　　水温　12.1℃　　pH　8.1　　　DO　10.8mg/l
⑤ 魚類採捕結果（魚種名・尾数）

	投網（20回）		タモ網　30分　2名	
	魚種名	尾数（体長）	魚種名	尾数（体長）
1	アマゴ	1　（110mm）	オイカワ	1
2	オイカワ	48　（47-90mm）	カワムツ	6
3	カワムツ	11　（40-78mm）	ドジョウ	2
4	ウグイ	1　（95mm）	ヨシノボリ類	26
合計	4種	61尾	4種	35尾

採捕確認魚種は6種である

　両岸にはツルヨシなどが繁茂して小さな魚が見え隠れする。河床は10～30cmの石で形成され、流れを変化させている。石の下流のよどみや流れが変化しているところでアマゴ、オイカワ、カワムツ、ウグイを採捕した。オイカワが圧倒的に多く、次いでカワムツを多く採捕した。

［Ⅰ部］　現地調査

No. 54

① 河川名　　　相川　　　　　　地図（区画）No.　C14
② 漁協名　　　西濃水産漁協
③ 調査期日　　2011年11月28日
④ 測定結果　　水温　12.3℃　　pH　8.2　　　DO　14.2mg/l
⑤ 魚類採捕結果（魚種名・尾数）

	投網（18回）		タモ網　30分　2名	
	魚種名	尾数（体長）	魚種名	尾数（体長）
1	オイカワ	61（43-108mm）	オイカワ	10
2	カワムツ	28（43-80mm）	カワムツ	146
3	ヨシノボリ類	5	アブラハヤ	2
4			ドンコ	2
5			シマドジョウ	6
6			ドジョウ	2
7			ヨシノボリ類	189
合計	3種	94尾	7種	357尾

採捕確認魚種は7種である

　垂井町の真ん中を流れる河川で、中央に砂洲があり岸辺にはツルヨシやススキが多く茂っている。川岸にはテトラポットが置かれている場所もある。数十m先に堰堤があり下流に淵がある。網に驚く魚は上流に進むが堰堤で止まり集まるので、そこに網を打つとオイカワやカワムツを多く採捕した。タモ網ではツルヨシの中でカワムツを著しく多く採捕した。

2．調査結果

No. 55

① 河川名　　　根尾川・揖斐川合流点　　　地図（区画）No. D14
② 漁協名　　　西濃水産漁協
③ 調査期日　　2011年11月28日
④ 測定結果　　水温　11.9℃　　pH　8.0　　　DO　14.8mg/l
⑤ 魚類採捕結果（魚種名・尾数）

	投網（10回）×2名		タモ網　30分　2名	
	魚種名	尾数（体長）	魚種名	尾数（体長）
1	アユ	25（90-160mm）	アユ	1
2	オイカワ	7（60-80mm）	オイカワ	18
3	ニゴイ	1（45mm）	アブラハヤ	23
4			ニゴイ	4
5			ゼゼラ	1
6			イトモロコ	3
7			タモロコ	1
8			ギンブナ	3
9			ナマズ	1
10			ゴクラクハゼ	1
11			ヌマチチブ	3
12			メダカ	6
13			ドジョウ	1
14			ウキゴリ	1
15			ヨシノボリ類	12
合計	3種	33尾	15種	79尾

採捕確認魚種は15種である

　河川の両岸に続く堰堤（えんてい）、その中央に魚道も形成されている。魚道のそばの陸地に入り込んだ河川の部分（湾処（わんど）という）から堰堤下流部の中央に向けてガリ漁をやっている人も見える。了解を取ってそばを通り、堰堤の下流部で網を打ち、数匹のアユを採捕した。経験上、長く投網を打ち続けていても魚がいそうなポイントに迷うこともあるし、偶然素晴らしいポイントに出合うこともある。20回の投網で25尾のアユを採捕した。からだに婚姻色が出ていることから落ち鮎であると思われる。他にオイカワ、ニゴイを採捕した。タモ網では15種の魚類を採捕した。しかし、興味深いことに、同一種で多く採捕できることはなく、7種が1尾のみであった。

[Ⅰ部] 現地調査

川の風景〜その2〜

1990年代の揖斐川支流
牧田川の多良峡の風景

同上の一ノ瀬地区の風景

2．調査結果

No. 56

① 河川名　　　木曽川（愛岐大橋）　　地図（区画）№ F14
② 漁協名　　　木曽川長良川下流漁協
③ 調査期日　　2011年11月28日
④ 測定結果　　水温　11.0℃　　pH　8.1　　DO　13.7mg/l
⑤ 魚類採捕結果（魚種名・尾数）

	投網（20回）		タモ網　30分　2名	
	魚種名	尾数（体長）	魚種名	尾数（体長）
1	なし		ギンブナ	1
2			ゼゼラ	1
3			ヨシノボリ類	33
合計			3種	35尾

採捕確認魚種は3種である

　川幅が広く、川岸には植物もなくよどみもない。打つポイントがなかなか定められなかった。魚はいてもこれだけの広さであると散らばっているのか、生息数が少ないのかは判断しかねるが、20回の投網では全く採捕できなかった。この結果を踏まえて、瀬でのカガシラ釣り（擬餌針を5本程度つけた竿を流して釣る）や荒瀬や深みでのミャク釣り（浮子の代わりに目印を付け、少し重いおもりを付けて深みに餌を流して釣る）などをやって確かめてみたいと思った。

[Ⅰ部] 現地調査

No. 57

① 河川名　　旧六ヶ村排水路　　地図（区画）No.　C16
② 漁協名　　養老郡漁協
③ 調査期日　2011年12月2日
④ 測定結果　水温　15.0℃　　pH　7.4　　　DO　6.8mg/l
⑤ 魚類採捕結果（魚種名・尾数）

	投網（16回）		タモ網　30分　2名	
	魚種名	尾数（体長）	魚種名	尾数（体長）
1	コイ	3（450-500mm）	ヨシノボリ類	9
2	タイリクバラタナゴ	1（44mm）		
3	ギンブナ	1（120mm）		
合計	3種	5尾	1種	9尾

採捕確認魚種は4種である

　両岸はコンクリート護岸で河床はヘドロであった。大型のコイが群れて泳いでいた。体長45～50cmのコイを3尾採捕した。他にタイリクバラタナゴ、ギンブナが採捕できた。タイリクバラタナゴは本調査ではほとんど採捕できなかった魚種の代表である。

2. 調査結果

No. 58

① 河川名　　可児川　　　　地図（区画）No. G13
② 漁協名　　可児漁協
③ 調査期日　2011年12月5日
④ 測定結果　水温　10.3℃　　pH　8.1　　　DO　11.7mg/l
⑤ 魚類採捕結果（魚種名・尾数）

	投網（10回）×2名		タモ網　30分　2名	
	魚種名	尾数（体長）	魚種名	尾数（体長）
1	オイカワ	28（20-85mm）	オイカワ	26
2	カマツカ	1（65mm）	カワムツ	1
3	モツゴ	2（55、64mm）	スゴモロコ	1
4	ヨシノボリ類	1（40mm）	カマツカ	7
5			ドジョウ	1
6			ヨシノボリ類	14
合計	4種	32尾	6種	50尾

採捕確認魚種は7種である

　両岸にはツルヨシなどの植物が繁茂しており、穏やかな流れの平瀬が続く。石組みによってできるよどみでオイカワ、カマツカ、モツゴ、ヨシノボリを採捕した。

注）2000年7月27日の同地点での調査では、同じ方法、同じ調査員によって、投網で11種196尾、タモ網で8種99尾を採捕している。

[Ⅰ部] 現地調査

以上、岐阜県内58地点における魚類の採捕状況をそれぞれの地点別に記載した。

次に、それぞれの魚類が採捕確認できた地点を岐阜県の地図に印すことによって、調査方法（投網20回、タモ網30分・2人）を一定にした場合のそれぞれの魚類の分布状況を示してみることにした。

（2）魚類別の岐阜県内分布地図

全県を109区割りに分割して、今回現地調査を実施した区画は合計47で、その区画内に黒丸（●印）をつけて、採捕確認された場所（区画）を魚類別に示した（調査地点ごとの説明は2.（1）を参照のこと）。なお、魚類の配列は、アイウエオ順である。

アカザ
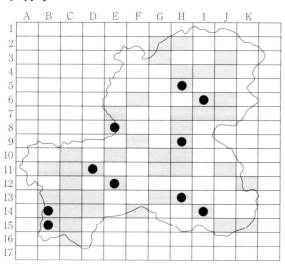

アジメドジョウ
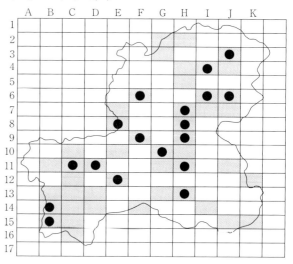

アブラハヤ
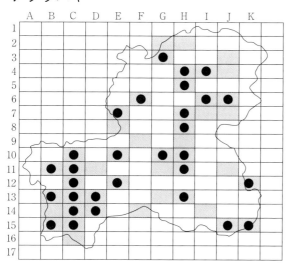

アブラボテ
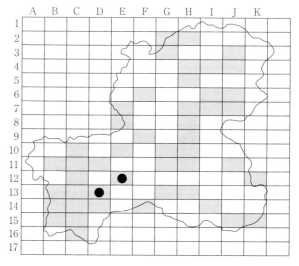

— 64 —

2. 調査結果

アマゴ

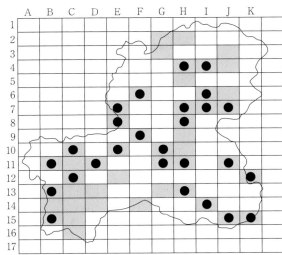

アユ

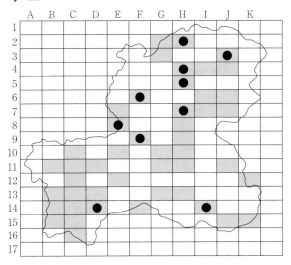

イトモロコ

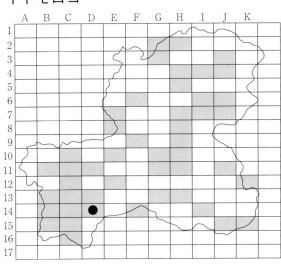

イワナ

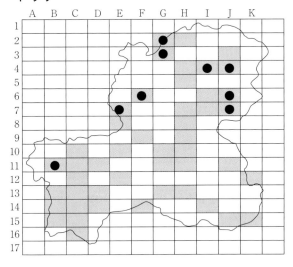

ウキゴリ

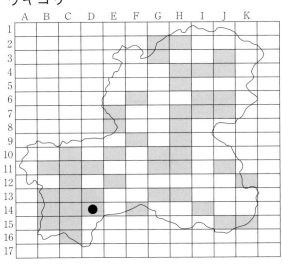

ウグイ

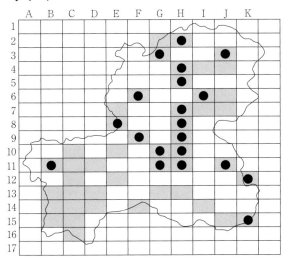

[I部] 現地調査

オイカワ
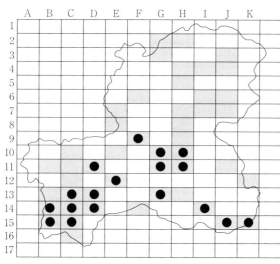

カジカ
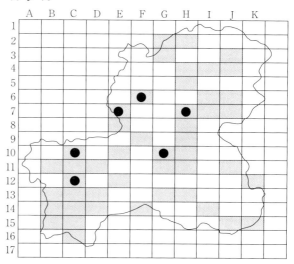

カマツカ
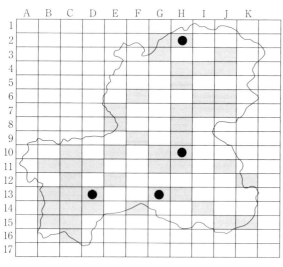

カワムツ
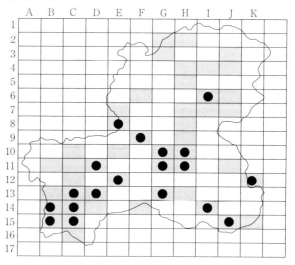

カワヨシノボリ
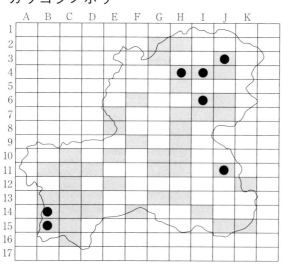

ギンブナ
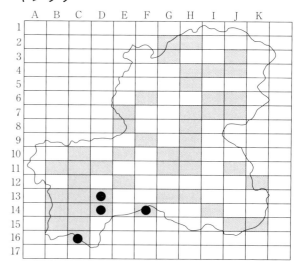

2. 調査結果

コイ
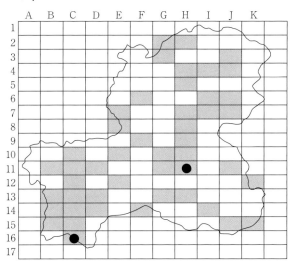

ゴクラクハゼ
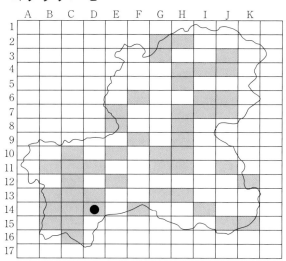

シマドジョウ
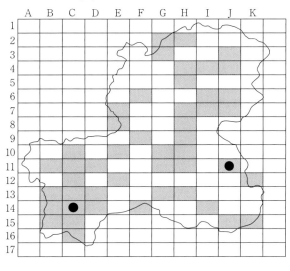

スゴモロコ
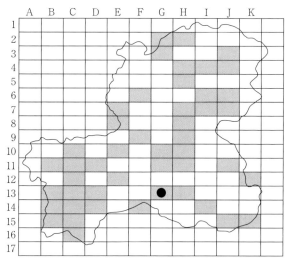

スナヤツメ
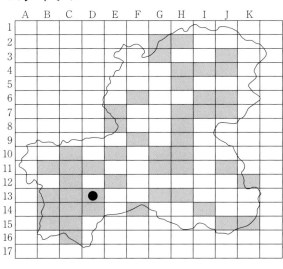

ゼゼラ
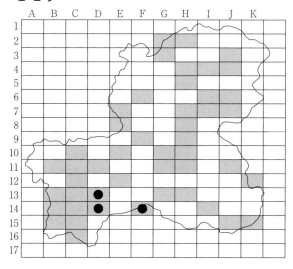

[Ⅰ部] 現地調査

タイリクバラタナゴ
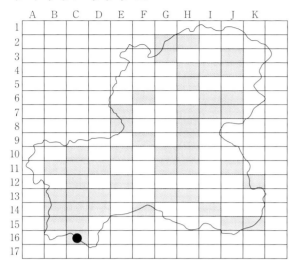

タカハヤ
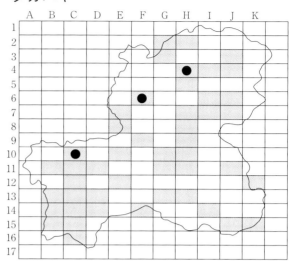

タモロコ
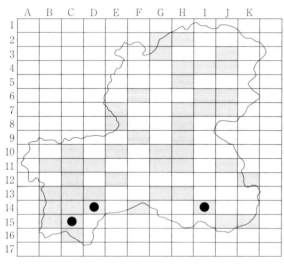

ドジョウ
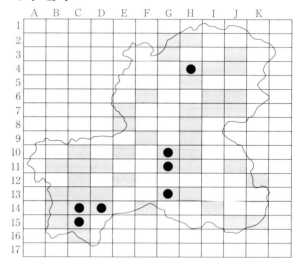

ドンコ
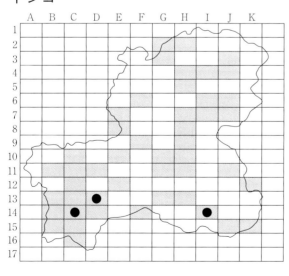

ナマズ
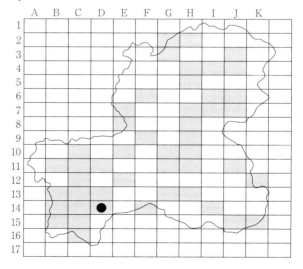

2. 調査結果

ニゴイ
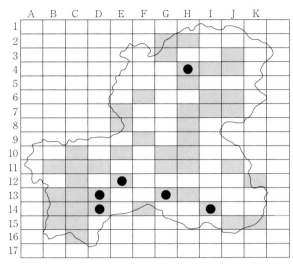

ニジマス
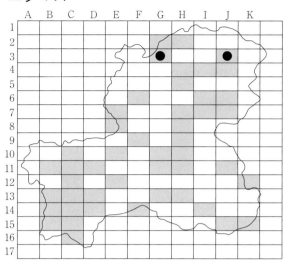

ヌマチチブ
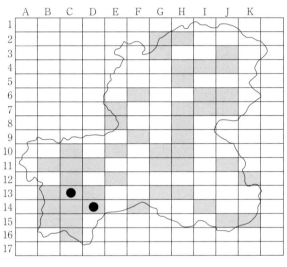

ブラウントラウト
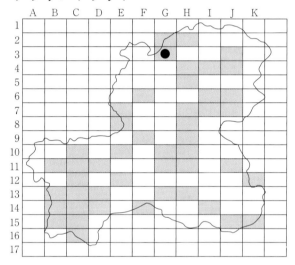

メダカ
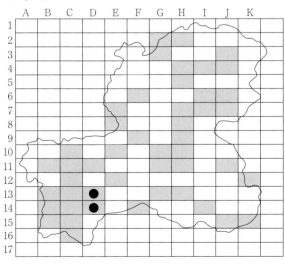

モツゴ
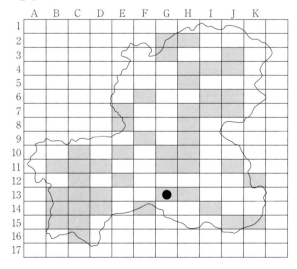

[Ⅰ部] 現地調査

ヤマメ

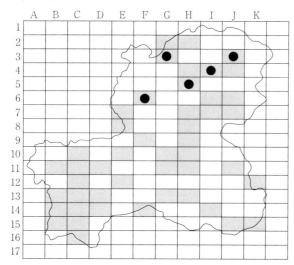

ヤリタナゴ

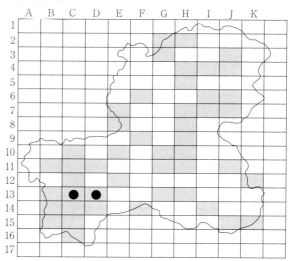

ヨシノボリ類

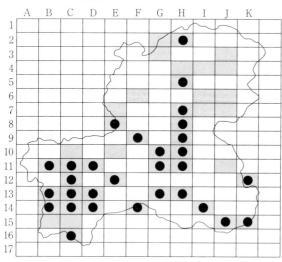

【コラム③　なじみの深い魚は？】

　皆さんの「なじみの深い魚」は何ですか？　私は大垣市生まれで、アユという魚を知ったのは大学に入ってからでした。なじみの深い魚はフナやセンパラでした。郡上市生まれのA君は、「なじみの深い魚はアユやアマゴだ」と言います。なじみの深い魚は、それぞれの個人の生活環境によって違っています。

　この本に掲載されている魚の中で、皆さんの「なじみの深い魚」はどれでしょう。「以前よく見かけた」と思っている魚が、この本での現地調査の結果に記載されているでしょうか？　川に入っても魚影の見られないことが多くあります。よく「網で採れた魚の数の10倍近くいるんだよ」と聞いたことがありますが、1尾も採れないときには想像できません。

　この本を読んで、近くにいる人と、なじみの深い魚について、見たり採ったりした思い出を語り合うとともに、もう一度近くの川で探してみてください。

（3）全県での採捕状況の傾向（調査地点別および区画別の出現頻度）

　今回行った現地調査は、岐阜県内32漁業協同組合管轄の58地点で、投網およびタモ網を用いて実施した。この場合、管轄地面積が組合によって異なるために、調査地点が1区画内に1カ所の場合と2カ所の場合が生じた。その結果、本調査では、調査地点数は58であったが、調査区画数は47ということになり、それに従って整理した。その結果は、（**表1**）に示す通りであった。

　県内の淡水魚類の分布状況や出現頻度などを年代や他地域と比較しようとしたときには、区画を基準にした資料の方が客観性があると思われるので、ここでは、47区画を対象とした。まず、最も出現頻度が高い魚種はヨシノボリ類およびアブラハヤで30区画（63.8％）であった。次いでアマゴ、ウグイ、カワムツの順で、それぞれ27区画（57.4％）、20区画（42.6％）、19区画（40.4％）であり、10区画以上の魚種はその他にアジメドジョウ、オイカワ、アユ、アカザで、出現数もこの順であった。これらのうち、アマゴとアユは漁協によって放流されており、その点を考慮する必要がある。一方、採捕確認が1区画（出現頻度2.1％）の魚種は、イトモロコ、ウキゴリ、ゴクラクハゼ、スゴモロコ、スナヤツメ、タイリクバラタナゴ、ナマズ、ブラウントラウトおよびモツゴの9種であった。さらに、出現が2区画（出現頻度4.3％）の魚種は、アブラボテ、コイ、シマドジョウ、ニジマス、ヌマチチブ、メダカ、ヤリタナゴの7種であった。これらの中には、県内において希少魚種として注目されている魚種もかなり含まれている。

　今回の調査で採捕確認された魚種は37種であった。なお、調査方法を投網とタモ網に限定したことや、漁場という概念から除去されたと思われる用水などの小河川は調査地点に組み入れなかったことによって、物理的に採捕されなかった魚種が記載から脱落していることを記しておく。

　また、一般的に20～40年前には、なじみの深い魚類であったと思われるシマドジョウ、タイリクバラタナゴ、ナマズ、メダカ、モツゴ、ヤリタナゴなどが希少に感じられる。これらの調査結果を全般的に見れば、県内で採捕確認された淡水魚37種のうち、出現頻度が50％を超える魚種はヨシノボリ類[注]、アブラハヤ、アマゴでわずか3種である一方、出現率の低い魚種や全く確認されなかった魚種が多く、さらに調査地点が、それぞれの漁業組合に「良好な漁場と思われる点」として推薦された箇所であることも考慮すると、県内での魚類生息状況は危機的状況にあるように感じる。

注　ヨシノボリ類は、近年数種に分けられる傾向があるが、野外での調査の際には、その同定にやや困難がある一方、従来（少なくとも20年前）はカワヨシノボリ以外はヨシノボリとしての記載が多く、時間の経過による変化を考察する際の資料としては不備を生ずるため、調査目的からも、今回は従来の記載に準ずることとした。

[Ⅰ部] 現地調査

(表1) 現地調査（投網・タモ網）にて採捕された魚類の出現頻度
(58地点および47区画を基準に表示した)

出現頻度順位	魚種名	調査地点 (58) 別の出現状況		調査地区 (47) 別の出現状況	
		出現地点数	出現頻度 (%)	出現区画数	出現頻度 (%)
1	ヨシノボリ類	45	77.6	30	63.8
2	アブラハヤ	30	51.7	30	63.8
3	アマゴ	26	44.8	27	57.4
4	ウグイ	20	34.5	20	42.6
5	カワムツ	19	32.8	19	40.4
	アジメドジョウ	19	32.8	18	38.3
6	オイカワ	18	31.0	18	38.3
7	アユ	12	20.7	10	21.3
8	アカザ	10	17.2	10	21.3
	イワナ	10	17.2	9	19.1
9	カワヨシノボリ	8	13.8	7	14.9
10	ドジョウ	7	12.1	7	14.9
	カジカ	7	12.1	6	12.8
	ヤマメ	7	12.1	5	10.6
11	ニゴイ	6	10.3	6	12.8
12	カマツカ	4	6.9	4	8.5
	ギンブナ	4	6.9	4	8.5
13	ゼゼラ	3	5.2	3	6.4
	タカハヤ	3	5.2	3	6.4
	タモロコ	3	5.2	3	6.4
	ドンコ	3	5.2	3	6.4
14	アブラボテ	2	3.4	2	4.3
	コイ	2	3.4	2	4.3
	シマドジョウ	2	3.4	2	4.3
	ニジマス	2	3.4	2	4.3
	ヌマチチブ	2	3.4	2	4.3
	メダカ	2	3.4	2	4.3
	ヤリタナゴ	2	3.4	2	4.3
15	イトモロコ	1	1.7	1	2.1
	ウキゴリ	1	1.7	1	2.1
	ゴクラクハゼ	1	1.7	1	2.1
	スゴモロコ	1	1.7	1	2.1
	スナヤツメ	1	1.7	1	2.1
	タイリクバラタナゴ	1	1.7	1	2.1
	ナマズ	1	1.7	1	2.1
	ブラウントラウト	1	1.7	1	2.1
	モツゴ	1	1.7	1	2.1

(37種)

2．調査結果

（4）今回の調査結果と過去の調査結果の比較

① 主な淡水魚の漁獲量における平成4年（1992年）と平成24年（2012年）の比較

　岐阜県内の各河川における魚類の生息量を過年度と比較する一つの方法として、まず岐阜県全体における淡水魚類の漁獲量を平成4年と平成24年の間で比較することによって推測を試みることにした。その結果は、（表2）に示す通りであった。

　まず、遊漁者数は平成24年は平成4年の約1/3、全漁獲量は約1/5、魚種別では、ウグイ約1/12、オイカワ約1/10、フナ約1/18に減少していた。水産統計と実際の河川での魚類の生息状況の間に高い相関があるとは早計には判断できないが、ある程度の推測はできる。すなわち、平成4年から24年までの20年間に少なくともこれらの魚種においては数分の1に減少したと思われる。

（表2）主な淡水魚の漁獲量における平成4年と平成24年の比較

	平成4年	平成24年	平成24年／平成4年 ×100（％）
漁獲者数（県全体）	1186394人	425772人	35.9
漁獲量			
全魚種	3358378kg	662828kg	19.7
アユ	1725502kg	453859kg	26.3
サツキマス	31778kg	2850kg	9.0
ウナギ	59069kg	5504kg	9.3
ウグイ	218873kg	17571kg	8.0
オイカワ	176383kg	18105kg	10.3
フナ	288610kg	15940kg	5.5
ドジョウ	4967kg	298kg	6.0
ナマズ	69858kg	2069kg	3.0
アジメドジョウ	5759kg	3030kg	52.6
ヨシノボリ	13797kg	10180kg	73.8

資料：岐阜県の水産業（岐阜県農政部農政課水産振興室）

② 2011年（今回）と1994～2000年の調査結果の比較

　次に過去の魚類生息状況調査の結果と今回の調査結果の比較について、同じ方法、同じ地点で採捕した魚種の採捕量を比べることによって検討してみた。この場合に最も客観的と思われる方法は、投網20回による採捕尾数を比較することであると判断した。その結果、調査方法で述べたように、具体的に比較可能な地点はわずか8地点であり、（表3）に示す通りであった。

　今回の調査における投網による採捕尾数が10～15年前に比べて1/3以下であったのは8地点中6地点（75.0％）で、全く採捕できなかった地点も1ヵ所（12.5％）あった。採捕尾数が多い地点の2ヵ所（25.0％）においても1994～2000年に比べると50％以下であり、50％以上であった地点は確認できなかった。さらに、タモ網による魚種数および採捕尾数も若干の変動も見られる

[Ⅰ部] 現地調査

が、比較検討した結果からは、両者間でほぼ同じ傾向と判断されたのは2地点のみで、他の6地点は減少傾向を示した。これらの結果から見ても、この10～15年の間に県内の各河川における淡水魚の生息量は、減少傾向にあるように推測される。

(表3) 今回 (2011年) と1994年～2000年の調査結果の比較

地点No.	地点名	調査年	投網 魚種数	投網 採捕尾数 (A1)	タモ網 魚種数	タモ網 採捕尾数 (B1)	調査年	投網 魚種数	投網 採捕尾数 (A2)	タモ網 魚種数	タモ網 採捕尾数 (B2)	(A1)/(A2)×100 (%)	(B1)/(B2)×100 (%)
4	荒城川(森部谷)	2011	3	11	3	21	2000	7	63	7	72	17.5	29.2
30	牧田川(一の瀬)	2011	3	17	5	19	1998	3	39	4	200	43.6	48.7
32	牧田川(多良峡)	2011	3	7	5	71	1999	4	15	3	66	46.7	107.6
44	旅足川	2011	1	6	4	22	1993	7	24	3	54	25.0	40.7
45	伊自良川	2011	5	23	12	99	1999	10	72	10	123	31.9	80.5
46	根尾川(能郷)	2011	0	0	3	41	1994	3	48	3	30	0.0	136.7
47	根尾川(能郷谷)	2011	2	10	3	20	1994	2	32	2	22	31.3	90.9
58	可児川	2011	4	32	6	50	2000	11	196	8	98	16.3	51.0

【コラム④　長良川（岐阜）のアユ】

　アユは秋季に産卵・孵化し、仔魚は孵化直後に河川を降下して冬季を海洋で過ごす。翌春、河川を遡上して河川に定着し、夏季を過ごして体長15～20cmに成長する。河川の水温が低下し始めると、落ちアユとなって河口から数十km上流地点まで降下し、産卵し、やがて一生を終える。

　しかし、岐阜県内では、琵琶湖アユや人工孵化養殖アユの放流が盛んに行われており、このような一生を送るアユばかりではない。通常、釣り上げたアユの由来を識別することは、かなり困難である。

　アユは香魚ともいわれ、群れに出合うとキュウリ（スイカ）のような匂いがする。この匂いの発生源は、餌となる川の藻類にあるといわれてきたが、最近はもっと若い頃に体の皮膚で形成される成分にあるといわれるようになった。しかし、良質の藻類の育つ水質の良い場所で生活し、良質な餌（藻類）を食べて成長したアユは、素晴らしい味のする淡水魚の代表であることには相違ない。良好な水質環境で育ったアユは美味ということになる。その代表が、郡上アユ、和良アユ、馬瀬アユだ。「氏より育ち」である。養殖アユも清流で数週間生活すると脂肪太りが解消し、外見も味も河川（天然）アユと全く見分けができなくなるといわれている。

　大正時代に琵琶湖のコアユを5～6月に河川に放流したところ、4月に海から遡上したアユと遜色のない程に成長した。現在、長良川河口付近を5～6月に遡上する大量の小型アユ（体長40～55mm）が河川に遡上した後、琵琶湖のコアユと同様に、4月に遡上した大型アユ（体長70～80mm）に負けない程に成長することを多くの人が期待している。

　5～6月に遡上する大量の小型アユが大きく成長するか否かについては、4～7月に長良川で一カ月ごとに河口から30～40km地点でアユを採捕して体長分布を比べたり、5～6月に河口堰付近で採捕した小さなアユを1～2カ月間飼育したりすれば明らかになるだろう。現時点でははっきりしない点がある。

　"岐阜のアユ""長良川のアユ"は、清流長良川のシンボルで環境の良好な河川の証明でもあり、地元住民の"おらが町のアユが日本一である"という心意気が基本である。

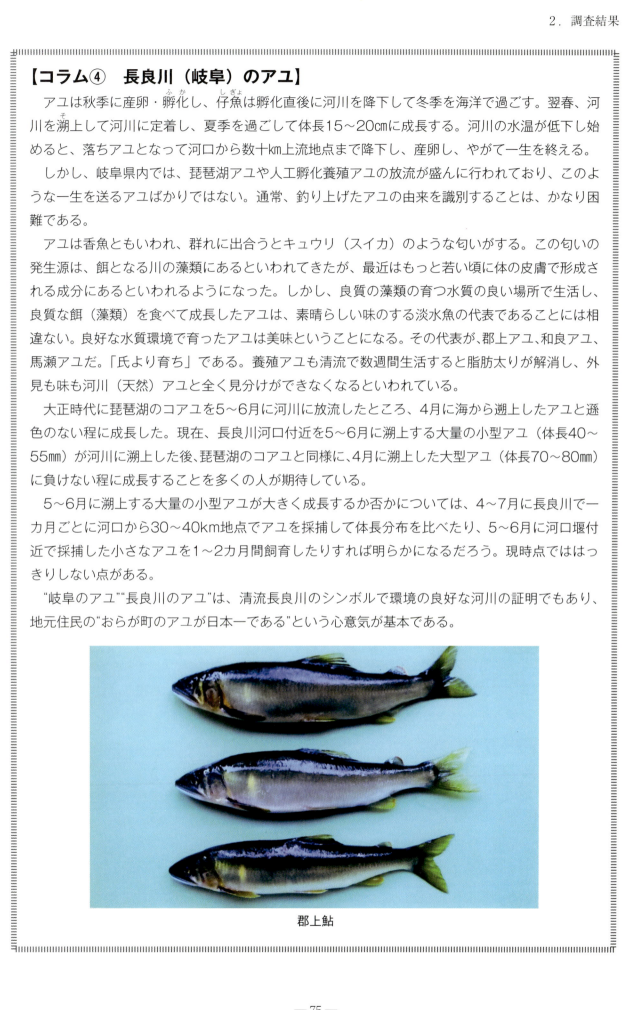

郡上鮎

［Ⅱ部］現地調査から見た主要な魚類

　今回の現地調査で採捕確認された魚類を中心に解説する。加えて、現地調査では採捕確認されなかった魚種の中で、岐阜県内で一般的に認知されているもののうち、アユカケ、ウナギ、カムルチー、ギギ、スジシマドジョウ、ネコギギ、ヒガイ、ブラックバス、ブルーギル、ホトケドジョウ、ワカサギも加えて記載した。

　なお、専門的な用語や魚のからだの部分の名前、模様の種類などについては、2．用語の解説で説明した。

1．主要な魚類
（※写真の魚は全てホルマリン標本のため、実物とは少し色が違います）

① アカザ

体長8～10cm。体色は赤色から赤褐色。尾びれの縁は丸い。口ひげは4対8本。県内ほぼ全域のきれいな水が流れる上・中流域で河床の石の下や小石の間に生息する。春から初夏、流れの速い石の下や間に卵のかたまりを産み付ける。産卵後はオスが卵を保護する。孵化(ふか)した仔魚(しぎょ)は、平瀬の岸側の小石の河床、深さ20cm以下で水の流れがほとんどない場所

アカザ（成魚と稚魚）

に出現する。夜間に活動し昆虫を食べる。背びれと胸びれのとげには毒があり、不用意に触ると刺さって痛い。アカザの名前も「赤くて刺す魚」、"アカザス"が由来である。

② アジメドジョウ

体長6～10cm。細長いからだで、体側や背面に多くのまだらの模様（斑紋）がある。背びれ、腹びれ、尻びれが、他のドジョウより後ろの方に付いていることで識別できる。河川の上・中流域の小石の河床に生息し、吸盤状の口で石に付いている藻類を食べる。晩秋、水温が下がると伏流水がわき出る小石の間（アジ

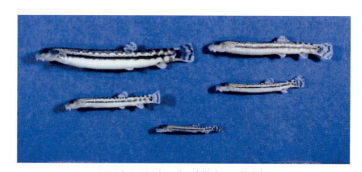

アジメドジョウ（稚魚～成魚）

メ穴）に潜って冬を越し、春先その中で産卵して、5月頃に水深10cm以下の河床で砂や泥の水の流れがほとんどない場所に出現する。岐阜県をはじめ中部地方の山間地域を中心に生息する。最近、長良川では岐阜市近辺、揖斐川でも大垣市で生息が一般的に見られるようになった。岐阜市では繁殖も確認されている。非常に美味である。近年、生息環境の悪化により岐阜県をはじめとして各府県のレッドリスト（絶滅の恐れのある種類をのせた一覧表）に記載されている。

—76—

③ アブラハヤ

体長7〜14cm。褐色の体色の体側中央部と背中に黒色の縦条（縦に細長い線）がある。タカハヤに似ているが、ウロコが細かいこと、目が大きいこと、尾びれの付け根に三角形の斑紋があること、尾びれの切れ込みが深いことなどの違いがある。岐阜県内の河川の上・中流域の穏やかな流れに生息する。特にツルヨシ群落の中に群れて生息する。春から夏、流れの緩やかな河床の小石の中に産卵する。このとき、メスは、小石の底に潜り込むために口先がへら状に伸びてくる。やや大きな石を動かすと出現することが多くある。

アブラハヤ

④ アブラボテ

体長4〜7cm。他のタナゴ類とは違い、体色が褐色で地味なのが特徴である。長い口ひげがある。県内の河川の中・下流域、平野部の細流、用水などに生息する。岐阜市近郊、特に旧伊自良村（現山県市）には多く、繁殖も活発である。春から夏、メスは、腹部にある産卵のための細い筒状の突起（産卵管：㉘タイリクバラタナゴ参照）をカタハガイ、マツカサガイなどのエラに入れて産卵する。オスは産卵する時期になると色が変化し背びれと尻びれに橙色の縦帯が現れる。この色のことを婚姻色という。また、頭部に追星という白い小さな粒が現れる。オスはこの追星でメスのからだを刺激して産卵をうながす。藻類や小型の河床にすむ動物を食べる。

アブラボテ

⑤ アマゴ・シラメ・サツキマス

アマゴの体長20〜25cm。サツキマスの体長25〜50cm。生息範囲は広く、太平洋側に注ぐ河川の上・中流域に広く分布している。体側中央に楕円形の斑紋（パーマークという）、体側に赤い斑点がある。昆虫を主食。秋、産卵するために河床の砂や石を尾びれでたたいてくぼみ（産卵床）をつくり産卵する。この時期にはメスもオスもからだが黒ずみ、不規則な太い縦条が複数出る。孵化した稚魚は、2〜3月頃には浅瀬の石や草の陰に多く出現し、5月になると、流れのある場所に移動する。一生を河川や湖で生活し、体長30cmを超えるほどに成長するものや海に下る降海型のアマゴもいる。2月頃、海に下るとき、体色は銀白色になり、これをシラメと呼ぶ。海に下ったアマゴが再び河川を上る時期が、5月のサツキの咲く頃なのでサツキマスと呼ぶ。いずれにしても"アマゴ"である。

アマゴ

［Ⅱ部］　現地調査から見た主要な魚類

サツキマス（伊勢湾から遡上）

⑥ アユ

体長15～20cm。青いオリーブ色の背面に銀白色の腹面、エラの後ろに黄色の斑紋がある。琉球列島以外の日本全国の河川の上・中流や水の澄んだ湖に生息する。あぶらびれがあるのは、サケ科魚類と共通している。夏から秋にかけて、中・下流の産卵場へと下り、砂や小石の河床に産卵する。産卵期のアユはからだが黒くなる。孵化（ふか）した仔魚（しぎょ）は海または湖に下る。海では沿岸部に生息し、動物プランクトンを食べて成長し、春から初夏に体長50～80mmに達して遡上（そじょう）し（河川をさかのぼり）、くしのような歯で石の表面に付いている藻類をこすり取って食べる。食べたときに残る模様を「食（は）み跡」と呼ぶ。初夏には中流まで上り、1㎡ほどのナワバリをつくる。このナワバリの中に他のアユが侵入すると外に追い出そうとからだをぶつけて追い払う。この習性を利用したのが、「友釣り」という漁法である。県内、どの河川にも堰（せき）や堰堤（えんてい）などの人工構築物があり、遡上する活動がじゃまされることから、アユの放流事業が盛んである。上手に管理して、健全な環境のもとでアユの成長が良好であってほしいものだ。

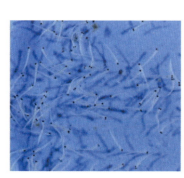

アユの仔魚

3月～6月に河川を遡上するアユ

1．主要な魚類

⑦ アユカケ

体長15〜20cm。春に木曽三川をカジカ、アユと同じく遡上してくる魚種で、カジカとよく似ているが、えらの後ろのふちにトゲがあることで見分けができる。カジカは早春に河川の下流域で産卵・孵化して降下するが、アユカケは成魚が河口付近まで降下して産卵・孵化する点が違っている。木曽三川の中でも揖斐川水系に多く遡上してくる。

アユカケ（成魚と稚魚）

⑧ イトモロコ

体長5〜8cm。口ひげは長く、側線に沿って黒色の縦帯があり、腹は銀白色である。河川の中・下流域に生息し、砂や小石の河床の近くを群れて泳ぐ。春から初夏、河床の小石の間に産卵する。動物でも植物でも食べる。

⑨ イワナ（ヤマトイワナ）

体長20〜40cm。県内のどの河川の上流域でも生息が確認されている。体側の中央に朱紅色の小さな斑点がある。秋、河床の小石の中に産卵する。3年で体長20cm程度に成長する。水面に落ちてくる昆虫や小動物を食べる。稚魚は体側に7〜10個のパーマークをもつが、体長15cmを超えると不明瞭になる。アマゴ

イワナ（成魚と稚魚）

の生息する河川では、すみ分けをして、イワナが上流に生息する。

⑩ ウキゴリ

体長8〜14cm。うすい褐色の体側に黒っぽい斑紋が並ぶ。河川の中・下流域の流れの緩やかなところに生息する。春、河床の石の下に産卵し、孵化するまでオスが卵を守る。この時期、オスは腹びれとしりびれが黒くなり、メスの腹は黄色に染まる。水生昆虫や小さな魚などを食べる。

ウキゴリ

[Ⅱ部] 現地調査から見た主要な魚類

⑪ ウグイ

体長20～30cm。河川上流域から下流域、湖沼などに広く分布している。春、河床の小石の中に産卵する。この時期には産卵する大きな群れをつくって行動するので、川岸や橋の上から観察することができる。ウグイの生活型は二つの型があり、一生を河川で終えるものと、海へ降下し

ウグイ

て産卵する時期に河川を遡上してくるものがあるが、岐阜県内には両方が生息する。海での生活の経験のあるウグイは、やや太めで大型であり、時として寄生虫が体表に付いている。産卵する時期にはオスの頭部には追星ができる。婚姻色はオス・メスとも3列の赤色の縦条が出てくる。藻類、昆虫などを食べる。河川の環境・状況を語るときに「ウグイが増えた、減った」と指標的な表現に用いられる。

⑫ ウナギ（ニホンウナギ）

体長50～100cm。背側は濃い黄褐色。日本全国に広く分布。産卵場はフィリピン付近といわれる。孵化した稚魚は海流にのって日本近海に達した後、2～4月頃にシラスウナギとして河川をさかのぼり、河川や湖に定着して成長する。昼間は穴や石のすき間にいて、夜、昆虫やカエル、タニシ、甲殻類、魚類などさまざまなものを食べる。広く養殖されている。最近、自然河川では著しく減少しているといわれているが、その実態や原因は不明である。

ウナギ

⑬ オイカワ

体長12～15cm。青みがかった褐色の背面、銀白色の細長い体側には赤みがかった横斑がある。しりびれは大きく伸びている。"ハヤ"と呼ばれる親しみのある淡水魚の代表である。春から夏、河床の砂や小石の間に産卵する。この時期のオスは頭部に追星が出て、しりびれは長く伸びて朱色になる。秋から春まで河川全面を自由に泳ぎ回っているが、アユが遡上してくると河川の中心部を明け渡し、岸側で生活する。河床に着いている藻類や昆虫などを食べる。佃煮は「いかだばえ」と呼ばれ、長良川の名物だが、この10～20年の間に著しく減少し心配される。

オイカワ

⑭ カジカ（大卵型）（小卵型）

体長10～15cm。褐色のからだに4～5個の濃い褐色の斑紋がある。カジカと呼ばれる仲間で卵径2.6～3.7mmの大卵型のグループがある。河川の上・中流域の河床の石の下に生息し、そこで一生を終える。主に水生昆虫を食べる。春から初夏、メスは浮き石の下に卵を産みつけ、オスが保護する。一方、河川の下流域には、河川と海を回遊する卵径1.8～3.1mmの小卵型のグループのカジカが生息している。長良川では、下流域の上部（岐阜市）で産卵・孵化した後、伊勢湾に下り、春先に遡上してくる。体長2～3cmで岐阜市近辺に達して定着して一生を送る。関市より上流へは遡上しない。その上流域には大卵型カジカが生息し、両者はすみ分けている。

カジカ

⑮ カマツカ

体長12～20cm。体側に褐色の斑紋が約10個並ぶ。一般的に河川の中・下流域の砂地に生息する。砂底にもぐっている。春から夏、流れの緩やかな砂や小石の間に産卵する。主に、河床に生活する動物を食べる。食べるときは口を突き出して砂と共にえさを吸い込み、えらから砂を出す。河川の上流域でも河床が砂や小石で水が静かに流れる平瀬では、広く分布している。

カマツカ

⑯ カムルチー

外来魚の代表である。ライギョ（雷魚）とも呼ばれる。春から夏、水草などを集めて作ったドーナツ状の巣に産卵する。県内の南部に広く分布し、初夏の木曽川の湾処(わんど)などでは、体長3～5cmの稚魚が50～100尾の群れをつくって生息しているのが観察される。大きいものでは体長50cmをはるかに超える。

カムルチー（成魚と稚魚）

[Ⅱ部] 現地調査から見た主要な魚類

⑰ カワムツ

体長12〜15cm。銀白色の細長いからだで、尻びれは大きく伸び、胸びれと腹びれの前の縁が薄黄色である。河川の上・中流域に生息する。ツルヨシの茂っているところに大・小さまざまな大きさのカワムツが群れているが、河川の形状が変化して水草が消えると、カワムツも姿を消す。春から夏、河床の砂や小石の間に産卵する。この時期のオスは、からだの腹のまわりと背びれの前の部分が赤くなり、頭部に追星（おいぼし）が出てくる。底生動物、昆虫、藻類などを食べる。

カワムツ

⑱ カワヨシノボリ

体長4〜6cm。体側中央に不明瞭な横斑がある。河川上・中流域の流れの緩やかな場所に生息する。春から夏、体色が黒くなり、河床の石の下に巣穴を作り産卵する。孵（ふ）化するまでオスが卵を守る。孵化した稚魚はすぐに河床での生活を始める。藻類や水生昆虫を食べる。

カワヨシノボリ

⑲ ギギ

体長25〜30cm。琵琶湖アユの放流に伴って、県内の大河川に生息するようになった。木曽川ではウナギやナマズと同様にハエナワによく掛かり、その比率はナマズを上回るほどである。春から初夏、河床の小石の中で産卵する。長良川や木曽川では体長5〜10cmの稚魚も採捕でき、繁殖しているものと思われる。

ギギ（稚魚）

⑳ ギンブナ、ゲンゴロウブナ（フナ）

ギンブナは体長15〜40cm。日本のフナの仲間では、ゲンゴロウブナに次いで体高が大きい。生活場所は広く、河川の谷川以外のほとんどの環境に生息する。春から初夏、浅場の水草などに産卵する。藻類、小動物、植物プランクトンなどを食べ雑食である。マブナと呼ばれ、フナずしや甘露煮などにされて食べられる。ゲンゴロウブナは体長20〜50cm。日本のフナの仲間では、最も体高が大きい。琵琶湖・淀川水系のみに生息していたが、釣りの対象魚として放流され、全国各地の中・下流域で見られるようになった。春から初夏、浅場の水面近くの水草などに産卵する。植物プランクトンを主食にする。ヘラブナとも呼ばれ、この魚を釣る「ヘラブナ釣り」は、日本の淡水魚の最も盛んな釣りの一つである。ギンブナよりも骨がややかたく、利用法にも少しアイ

デアが必要である。なお、琵琶湖のフナ寿司の材料はニゴロブナが一般的である。

ギンブナ（稚魚、成魚）

ゲンゴロウブナ

㉑ コイ（野生型）

体長40〜80cm。野生型のコイといわれるものには、飼育型の移植によるものも多く、自然分布の実態は不明である。口はフナの仲間よりも長く三角形で、上あごに短いひげ、口角に長いひげが一対ずつある。春から夏、岸辺近くの水草に産卵する。成魚が群れてバシャバシャ音を立てて行う産卵・受精（メスが卵を産み、オスが精子を放つ）行動は、思わず立ち止まって見とれる光景である。底生動物やソウ類、水草など雑食である。さまざまな料理にされて食べられる。

コイ

㉒ ゴクラクハゼ

体長6〜8cm。河川の中流域から海水と淡水が混じる水域（汽水域）の流れの少ない砂や小石の河床に生息する。夏から秋、河床の石の裏に産卵する。オスは卵が孵化するまで守る。雑食性で小石などに着いた藻類や水生昆虫などを食べる。目のすぐ後にまでウロコがあることで他のヨシノボリ類と区別できる。胸びれは他のヨシノボリ類と同様、吸盤状であるが細長い。

ゴクラクハゼ

㉓ シマドジョウ

体長6〜14cm。体側に濃い褐色の斑紋が8〜16個並ぶ。口ひげは3対6本。眼の下にトゲがある。河川や湖沼の河床に生息し、砂の中に潜って逃げる。春から初夏、細流やわき水の水生植物の茎や根に産卵する。水生昆虫や底にすむ小動物などを食べる。

シマドジョウ

㉔ スゴモロコ

体長10〜12cm。一対の長い口ひげがあり、体側に10数個の黒色の斑点が並ぶ。春から初夏、河床の砂や小石の間に産卵する。この時期のオスは胸びれに追星(おいぼし)が出てきて体色が少し黒ずむ。水生昆虫、浮遊動物などを食べる。

スゴモロコ

㉕ スジシマドジョウ

体長6〜10cm。シマドジョウに似ているが、体側に稚魚では斑紋が縦に並び、成魚では縦条のようになる。春から初夏、水田などに産卵する。用水路などに多いが長良川では水草の茂るよどみでもよく見られる。

スジシマドジョウ

㉖ スナヤツメ

体長15〜20cm。河川の中流域の流れの緩やかな場所に生息する。わき水のある場所に多く見られる。吸盤状の口で小石に吸い付いてからだを固定する。河床の泥の中の有機物を食べる。春から初夏、口で石を移動させて砂や小石の河床にくぼみをつくって産卵する。

スナヤツメの頭部

スナヤツメ

㉗ ゼゼラ

体長6〜8cm。口は短くて丸い。口ひげはない。元々は琵琶湖淀川水系の特産。体側中央に暗褐色の斑紋が12個程度並ぶ。河川の中・下流の砂泥底に生息する。春から夏、ヨシなどに産卵し、孵化(ふか)するまでオスが守る。藻類、動物プランクトンなどを食べる。

㉘ タイリクバラタナゴ

体長4～8cm。体は平たく、体側中央には薄い青色の縦条がある。口ひげはない。1940年代に中国から輸入されたソウギョに紛れて侵入し、現在は日本全国に生息する。平野部の細流や用水路、浅い池沼などに生息する。春から夏、メスは体の約2倍の産卵管（左上の魚）をドブガイ類のエラに入れて産卵する。オスは繁殖期になるとひれが名前のようにバラ色になり、頭部に追星ができる。藻類や小型の水生動物を食べる。

タイリクバラタナゴ

㉙ タカハヤ

体長7～15cm。アブラハヤに似ているが、ウロコが大きく体側がまだら模様に見えること、眼が小さいこと、尾びれの付け根に三角形の斑紋がないか、あっても楕円形であること、尾びれの切れ込みが浅いことなどの違いがある。春から夏、流れの緩やかな砂や小石の河床に産卵する。このとき、アブラハヤと同様、メスは、河床に潜り込むために口先がへら状に伸びてくる。

タカハヤ

㉚ タモロコ

体長8～12cm。体側に1本の暗色の縦条がある。口の周りに長い一対のひげがある。口は丸く下を向いている。河川の中・下流や池の水草や藻の中に生息する。春から夏、砂や水草などに産卵する。水草、動物プランクトン、イトミミズなどを食べる。

タモロコ

㉛ ドジョウ

体長12cm。背側は褐色で薄い黄色。背に小さな黒っぽい斑紋が縦条に並んでいる。口ひげは5対10本、尾びれは丸く、それぞれのひれには模様がない。河川や池沼の底の泥に多く生息する。初夏、小さな溝の水草や水田の泥底で産卵する。

ドジョウ

[Ⅱ部] 現地調査から見た主要な魚類

㉜ ドンコ

全長15～25cm。頭は大きく平たく、口も大きい。黄褐色の体に3列程度の黄色の斑紋がある。河川の中流域の用水路などの流れが緩やかで水草の茂る場所に生息する。春から夏、オスが石垣や倒木の間、または下などに産卵できる空間を作り、メスを誘い入れて産卵させる。孵化するまでオスが守る。夜間に小魚、水生昆虫、エビなどを求めて行動する。

ドンコ

㉝ ナマズ

全長50～70cm。褐色系の体で腹面は灰色。上あごよりも下あごの方が前に突出している。口ひげは上下両あごに2本ずつで4本ある。幼魚は下あごにさらに2本付いているが、成長とともになくなる。湖や池沼、河川の中・下流域に生息す

ナマズ

る。春から初夏、細流（小川など）に侵入して水草に産卵するが、最近は細流に上っていく場所が少なくなったために、大河川（長良川など）で産卵、孵化するようになった。卵の色は黄緑色である。魚類、甲殻類、貝類、両生類などを食べる。特に夜間に活動する。

㉞ ニゴイ

体長30～60cm。コイと比べると、体が細長く、口先が長く、口は下方にあり、短いひげが一対ある。大きな河川の中・下流域や湖沼、さらに、汽水域にも生息する。春から初夏、河川の中流域の砂や小石の河床で産卵する。水生昆虫や藻類、小型魚類などを食べる。最

ニゴイ

近は、下流域～上流域の広い範囲で、河床が砂や小石の環境があれば、体長40～50cmの成魚が

群れて遊泳しているのが確認されるほどである。

㉟ ニジマス
体長30～80cm。背から体側に黒色の小さな斑点が多数ある。体側には朱紅色の縦条があり、ニジマスの名はこれに由来する。稚魚の体側には朱紅色の縦条はなく、パーマークがある。明治以降にアメリカから移入され、全国の冷水域に広く放流された。岐阜県内では、自然繁殖の例は見られない。養殖が盛んで、食材としての利用は広い。

ニジマス

㊱ ヌマチチブ
体長5～12cm。頭部の側面に白い斑点がまばらに付いている。河川の中・下流の流れの緩やかな砂や泥の河床に多く生息する。春から夏、石の下や石垣の隙間に産卵する。雑食性で、藻類や水生昆虫を食べる。

㊲ ネコギギ
体長10～12cm。代表的な希少種。ギギによく似ているが、頭が丸く、尾びれの後縁の切れ込みが浅い。夏、河床の小石の下などに産卵する。県内では、中濃地域を中心に広く点在している。移動範囲があまり広くないために限られたところにのみ分布している。移動放流した場合、定着はかなり困難であるために環境変化を伴うときには注意が必要である。

ネコギギ

㊳ ヒガイ
体長12～15cm。春から夏、二枚貝に産卵する。県内では別名サクラバエと呼ばれる。著しく美味である。大・中河川に広く分布し、瑞穂市の犀川では、1回の投網で体長約15cmの成魚が10尾ほど採れたことがあり、テレビでも紹介されたことがある。

ヒガイ

[Ⅱ部] 現地調査から見た主要な魚類

㊴ ブラウントラウト

体長30～100cm。ニジマスのような縦条はない。背側は紫褐色で、体側に、黒色の斑紋と赤色の斑点がある。ヨーロッパ原産で昭和初期にアメリカからカワマスの卵に混じって移入されたといわれている。いわゆる外来魚で、最近注目されている。各地の養魚場で飼育されている。他の種類の魚類もとらえて食べる習性が強いことから、岐阜県内でも定着が話題になっている。秋から初冬に産卵する。ニジマスよりも水温が冷たい水域に生息し、昆虫、貝類、甲殻類や小魚を食べる。

ブラウントラウト

㊵ ブラックバス（オオクチバス）

体長30～60cm。大きな口が特徴。灰色の体で、背側は濃い青色。体側にそって不明瞭な太い褐色の斑紋があり腹部は白色である。戦前にアメリカ合衆国から芦ノ湖に移入された外来種で、その後は全国へ移入が進み、日本中に生息地域が分布したが、北海道では根絶に成功した。春から初夏、オスが砂や小石の河床に産卵床を作りメスを誘って産卵させ、卵と仔魚はオスが守る。泥底では水草や小枝などを使って産卵床を作る。甲殻類、魚類などを大量に食べ、全国各地で環境保全や漁業の大きな問題になっている。外来魚の代表種で駆除の対象となっている。

ブラックバス

㊶ ブルーギル

体長10〜25cm。灰褐色から褐色の体に7〜10本の横縞がある。えらぶたに紺色の斑紋があることがこの名前の由来である。1960年にアメリカ合衆国から移入された外来種で、日本全国の河川下流部、湖沼、ため池などに生息する。春から夏、オスは、砂や小石の河床や砂や泥の河床にすり鉢状の巣をつくり、メスに産卵させ、卵と仔魚はオスが守る。稚魚は岸近くに群れて遊泳する。甲殻類、魚類、藻類などを大量に食べる。

ブルーギル

㊷ ホトケドジョウ

体長5〜6cm。体は円筒状で、流れの緩やかな河床か砂または泥の細流によく見られる。春から初夏、水草などに産卵する。山里を流れる川幅1m以下の小川でその付近にわき水があり、所々に砂や泥が堆積して、クレソンなどの植物が生えている場所があれば、両岸と河床の三面がコンクリートなどの人工の水路になっている場所であっても生息している。

ホトケドジョウ

㊸ メダカ

体長4cm。メス・オスの区別は、尻びれの形がオスに比べてメスは幅が狭いことでできる。春から秋まで、年に数回産卵する。プランクトンや小さな昆虫を食べる。近年、日本の在来種は、岐阜県に限らず全国で激減した。

メダカ

㊹ モツゴ

体長6〜8cm。受け口の口から尾びれまでの1本の黒い縦帯が特徴である。河川の中・下流域、湖沼や用水路、ため池などに生息する。春から夏、オスは石や流木になわばりを形成し、メスと産卵行動を行う。卵はオスが守る。この時期のオスは黒い縦帯が消え、からだ全体が黒くなる。

モツゴ

[Ⅱ部] 現地調査から見た主要な魚類

㊺ ヤマメ・サクラマス

ヤマメは体長20～30cm、サクラマスは体長30～70cm。ヤマメは一生を河川の上流部の冷水域で生活する。体側中央にパーマークがある。サクラマスはヤマメが海に下って再び河川に戻る降海型で、海に下るとき、体色

ヤマメ

は銀白色になる。岐阜県内では、日本海へ流入する河川に多く分布しているが、アマゴの放流によって混在しているところもある。秋、砂や小石の河床に産卵床を作り産卵する。この時期のオスの体色は黒くなる。また、サクラマスの体色も産卵する時期には黒くなり、体側に桜色の模様が出てくる。昆虫類、小動物などを食べる。

㊻ ヤリタナゴ

体長5～8cm。薄い青色で、背びれに黒色の斑紋がある。長い口ひげがある。本州、四国、九州で分布している。春から夏、メスは橙色の短い産卵管でマツカサガイやカタハガイなどの貝のエラの中に産卵する。この時期になると、オスはからだの前半部やひれが赤くなり、頭部に追星ができる。藻類や

ヤリタナゴ

小型水生動物を食べる。岐阜県内では、美濃地方の中・小河川や池を中心に多く見られたが最近は少なくなった。

㊼ ワカサギ

体長10～14cm。細長い体の背びれの後ろにあぶらびれがある。漁業や釣りの対象として移植されて、湖沼や河川で生息する。動物プランクトンを食べる。岐阜県内では、50～60年前までは厚い氷が張った湖で、氷に穴を掘って釣ることも可能であったが、近年はできなくなった。

ワカサギ

【参考文献】
原色日本淡水魚類図鑑　宮地伝三郎・川那部浩哉・水野信彦　保育社　1964
日本の淡水魚　川那部裕哉・水野信彦　山と渓谷社　1993
Field Selection 12淡水魚　渡辺昌和　北隆館　1997
新装版山渓フィールドブックス2　淡水魚　森文俊・内山りゅう　山と渓谷社　2006

川の図鑑　本山賢司　東京書籍　2009
山渓ハンディ図鑑15 日本の淡水魚　細谷和海・内山りゅう　山と渓谷社　2015
長良川のアユ　駒田格知　岐阜新聞社　2016

2．用語の解説

○孵化（ふか）：卵と精子が受精して、数日～数週間経過すると、卵膜を破って仔魚（しぎょ）となって出現するときのこと。

○仔魚：孵化してからひれの条数が親と同じになるまで個体のこと。このうち、卵黄を発育のための栄養としている時期を「前期仔魚」、栄養源を外部から体内に取り入れることができるようになった時期を「後期仔魚」と呼ぶ。

○幼魚：稚魚から未成魚までの個体のこと。幅広く用いられる。

○稚魚：ひれが親と同じになってから、ウロコ（鱗）が完成するまでの個体のこと。

○未成魚：ウロコが完成して親と同じ体形になるが、まだ、子孫を残す、いわゆる性的成熟に至っていない時期の個体のこと。

○成魚：性的に成熟し、繁殖活動を行う時期の個体のこと。

○魚のからだの各部分の名前

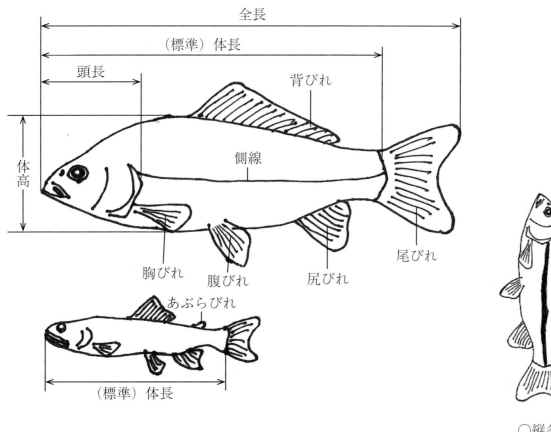

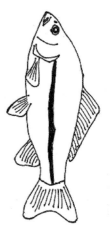

○縦条

[Ⅲ部] 岐阜の河川に魚（雑魚、ザコ）をふやそう

　これまでに全県の河川における魚類の生息調査の結果をまとめて、その傾向を検討してきた。細部にわたって検討を進めれば、さまざまな事柄が浮き上がってくると思うが、基本的には、「岐阜県内の各河川における魚類の生息状況はかなり危機的である」ことには異論がないように思う。その原因がわかれば対策が講じられるが、そのように簡単ではない状況も多くの場面で見られる。そこで、私たちが現実の生活の中で対応できる方策を少し考えてみたい。

1．対策例の概要

　岐阜県内の大小河川のほぼすべてで、「魚が減っている」との話を耳にする。実際に現場に出ても、アマゴ、アユ、イワナなどの放流魚以外のいわゆる雑魚、「ザコ」と呼ばれる川魚は非常に少なくなっている。"県魚のアユ"の生息量を増やしたいとの気持ちは、多くの人々の間にあると思われるが、現実問題として「河川にアユだけを増やす」ことは不可能で、不自然でもあり、アユが生息できる良好な環境は、他の魚種にも共通している。人間中心の生活環境には、個々の人間が関わることのできないような規模の大きな事柄と、私たち個々の住民が日常的な努力によって快適に日々が送れるように改善できる事柄が存在する。前者と後者を区別することは究極的には不可能であると認識しつつ、ここでは後者について提言をしたい。時代（現状）は"待ったなし"であり、河川に魚がいなくなってからでは手の打ちようがないからである。前者は、災害復旧に関わることも含めた大規模な河川工事に関連しており、各方面（岐阜県、国交省、水資源機構、農水省など）で検討されている。

（1）河川環境を考えるときの大前提

　河川に多様な生物、多様な魚類が生息していることが本来のあるべき姿であって、河川を考えるときの大前提である。あらゆる場所に多くの魚種が高密度で生息していることは河川の環境が多様であることにつながる。環境が多様であるということは、複雑であるということで、河道は単純であってはならない。自然界のどのような隙間も生物が利用している。石、木切れ、水草…、どのようなものでもそれが存在することによって異なった環境が出現する。そこには必ず生物が生息している。生物の多様性は、環境の多様性と深く関連していて、私たちの身辺には、長い歴史を経て、多くの生物が生息しているのである。しかし、現状は、やや首をひねりたくなるような実態が多いように感じられる。現在、各方面で"多自然型工法"などの名目での整備が進められているのがその証拠であり、現状に問題があることを示している。この場合、大切なことは決して固定観念で物事を決めずに、常に融通性をもって多様であることを良しとする考えを基本として対応していくことであろう。そのためには、現状を知ることが最も重要であると考え、現地調査を実施したのである。少なくとも20年前を想定して今と比べてみる。

（2）身近な作戦

①　仔魚・稚魚の生活場の確保

・河岸に浅瀬、水草が存在し、流速が0～20cm/s以下の場所がある。
・数十cmのよどみがあって、稚魚や流下物が停滞する場所がある。
・やや深いよどみに粗朶を入れて隠れ場所をつくる。

②　若魚・成魚の生活場の確保

・河川内に大きな石や岩があった場合には、可能な限り、その場所に残す。
・河岸の草木は、工事目的に障害のない限りは残す。
・小河川の場合には、できる限り土・砂の部分を残し、水草も生えるようにする。

③　河川に親しみを感じさせる取り組み

・子ども時代から、河川に親しむ習慣をつける。
・身近に、浅くて水草の多い小河川を残し、子ども会などの行事として「魚とり大会」などを計画し、魚に親しむ機会をつくる。

【コラム⑤　河川の魚を減らさないように（その１）
　　　　　～魚をふやし、すみやすい環境をつくろう～】

　最近、河川でオイカワが少なくなった。以前ならば、初夏の頃からカガシラ釣りをすれば、1時間もすると必ず20尾程度が釣れた場所も、ここ数年の間に、釣果は半分以下になった。かつての河川は、水際までツルヨシなどが繁茂する天然状態であった。現在はそのような景色はどの河川でも少なくなった。水辺にまで生えている植物の水際は孵化したばかりの稚魚の休み場でもあった。現在でもそんな場所で調査すれば、タモ網で多くの稚魚が採集できる。しかし、今は至る所でコンクリートの堤防が多くなってきた。水辺には植物の姿は見られない。いくら河床の状況が良くて、産卵し孵化をしたとしても稚魚はとどまることができず流れに流されてしまう。カワウなどの他の動物の餌になることも多い。これではたまらない。

　水辺に植物の群落を作ることはできないだろうか。長良川の下流域にはコンクリートの堤防の上に金網で囲った植物群落を設置して、外見は元の自然と同じ景色になっている場所がある。コンクリートの護岸でも、人の手で植物群落を設置すれば孵化した稚魚たちのすみかになる。ところどころに細流や湾処を設けたり、河床に浮き石を作ったりして、稚魚や小さな魚がすめる環境にしてやることが大切である。

　河川敷や田畑などにビオトープを建設して産卵場所の確保をしたり、魚と住民とのふれあいの場をもったりすることも大切である。産卵場所については、魚種によって大きく違うが、専門家の指導により植物や貝類、河床などの環境を整備していきたい。県内には、ハリヨやウシモツゴなど、地域ぐるみで地域に生息する貴重な魚の繁殖を地域ぐるみで行い、さらに学校も巻き込んだ活動に発展している取り組みもある。

　「魚が繁殖できる環境をつくってやること」と「魚のすむ環境を守ること」を行政も県民一人一人も心がけていくことが、魚をこれ以上、減少させないことにもつながるのである。

[Ⅲ部] 岐阜の河川に魚（雑魚、ザコ）をふやそう

④ カワウ・カワアイサ・サギ類などの食害への対策（カワウの具体例は次項）

　大河川はもちろんであるが、近年は中河川（川幅3～5m）でもカワウが飛来している。サギ類は、小河川（川幅1m以下、水深10cm以下）に多く来て魚類を食する。基本的に鳥類被害に有効な対策は見当たらない。それぞれの生物の生活史の一部だとの理解が必要であるが、「食う者と食われる者」の関係を逸脱している状況を私たちがつくり出していないか？「野鳥の会」の方々にも知恵をお借りしたい。

2．対策の具体例～カワウ対策～

　長良川の瑞穂市内の上空を朝からカワウの群れが上流から下流へと飛来してくる。この状況は何年も前から確認されている。この変化の大きさを考えるとカワウの対策は別立てで扱おうかと思った。

　30年ほど前はこの地点で、5～7月に遡上するアユが1回の投網で5～10尾ほど採捕されたが、最近はほとんど採捕されないのである。カワウだけの仕業ではないのかもしれないが、さまざまな情報から、かなり重大な影響があると思われる。カワウの淡水魚類に及ぼす被害は、年間100億円を上回ると試算されている。カワウの被害は、アユやアマゴの放流が活発になるのと並行して増大し、その状況は、「放流した直後に集団で食べにくる」との表現通りの光景である。数年前に、長良川上流の漁業協同組合の人に「カワウの一腹に入っていたアユです」と写真を見せてもらったことがある。その数58尾であった。カワウは、一日に500gもの魚を食べる大食漢であると聞いたことがあるが、その通りなのだ。

　時々、長良川穂積大橋下流でカワウの数を数えることがある。2017年5月に、上流から下流に向けて100～200羽の集団が3波、4波と移動していった。同行の人々と共に口を開けて、ポカーンと眺めていた。20年以上前から、岐阜県でも水産課を中心に、カワウの駆除について調査・研究が進められ、さまざまな技法が考案された。中でも、巣内の卵の孵化を阻害する方法が最も効果的であるように聞いた。空気銃（鉄砲）による成鳥の駆除も効果的であるが、人家近くでは危険が伴う。巣内の卵への対策には、何が効果的であるかとの疑問には「巣の中に洗剤やドライアイスを投下する」「巣を揺さぶる」などが挙げられる。前者の場合、「どのようにして投下するか」の課題がある。

　最近、ドローンが多方面で活用されている。これを用いて、巣の中に有効物質を投入することはできないのだろうか。カワウの巣の存在場所は、一部は水面上に突出した木々の上

部であるが、大半は地上の高木や崖上の木の上部などである。徳山湖におけるカワウの巣は前者で比較的対処しやすいと感じたが、多くは接近すら困難なところに営巣されている。このような場所では、ドローンが有効だと思う。いずれにしても、効果的と思われる方策があれば、早め早めに実施してみることだと思う。

「カワウは増加し過ぎではないか」と問題視される理由の一つは「カワウの腹から出てくる魚の80～100％がアユであることが多い」ことにあり、あまりにもアユを食べ過ぎているといわれる。カワウが他の魚種を食べることを嫌っているのではないかと思われるほどに少ない。しかし、昔は「木曽川の魚類相は、カワウの胃内容物で記録した」というように、カワウはアユを特に選んで食べているとはいえないようだ。換言すれば、現在のカワウの胃内容物の状況は、以前に比較してさまざまな魚種の生息が見られなくなった証拠の一つでもある。

【コラム⑥　河川の魚を減らさないように（その２）
～河川の汚れに関心をもとう～】

　魚類調査で川に入っていると、時折普段とは違った水の汚れに遭遇する。決まって上流での河川改修や支流での多様な工事による泥や土砂の流入である。特に長雨で想定外の水量の増大があると、工事現場での泥や土砂の流入を引き起こす。以前、大きな道路工事が何年も続いたとき、調査に行くたびに浮き石が少なくなっていた。漁師さんも「河床にたまった泥や土砂はなかなか流れない。魚も少なくなるし、アユの食べる良質の藻類も付かない」と嘆いてみえた。河床の浮き石の間に泥や土砂が入り込むと、カワヨシノボリやアジメドジョウなどの底生魚がすみかや産卵場所をなくしてしまう。石に泥がかぶると、藻類を餌とする水生昆虫もいなくなり、それを食べている魚類も減少する。

　いつも魚釣りに出かける長良川に流れ込む用水がある。用水の上流には団地があり、朝になると水面が洗濯の泡でいっぱいになる。その下流に入ると川岸から数メートルの河床は汚物が堆積し、石に藻類が付着している河川の中心の河床とは大きな違いがある。洗濯の水が流れ込んでいることに気がついていないのだろうか。浄化システムがきちんと整備されていると信じ切っているのだろうか。

　調査や魚釣りなどで河川を見に行くと、産業に関する汚れの流入も見かける。時には河川の水だけではなく河床の泥の色までもが、その汚れの色に染まっているときもある。道路の雪解けに使う化学物質のように見えない水質の汚れもある。また、産業や家庭に関するゴミなどの廃棄の現場に出くわすことも多い。川岸から河床まで汚染されている場合もある。これらの状況を見るたびに、「なぜ、もっと河川を大切にしないのか！」と憤りを感じる。

　流域の住民の皆さんが、このような普段とは違った水の汚れを見かけたら、すぐに行政機関に連絡することが大切であり、連絡を受けた行政もすぐに対応すべきである。もっと大切なことは産業関係者、そして、住民一人一人が「河川の汚れ」に関心を持つことである。自分で河川を汚す原因をつくるなどはもってのほかである。行政、産業関係者、地域住民の会などには、常に関係している河川や湖沼などに汚れが流入していないか厳しいチェックをお願いしたい。

　中には、河川環境の保護を大切にして、住民全員で河川の清掃活動を定期的に行っている地域もある。素晴らしいことであり、親から子へとぜひ受け継いでほしいと願っている。

おわりに

　長い間、河川で魚類調査をしていると、河川の本来のにおいが感じ取れ、川岸に自然環境が残っているほど調査前からどの程度の魚が採れるかという予想がたいてい当たっていた。しかし、最近、いくら環境が整っている場所でも予想が外れることが多くなった。その採集場所の環境だけでなく、上流域も含めた広範囲の環境にも大きく左右されるのだ。

　水面を眺めた時に良い状況であっても、河床の様子には、産業や家庭から流入する汚染水や、工事などに伴う砂や泥の流入による影響が見られることがある。底生魚は浮き石の下に生息している。きれいな水の流れる河床の石には魚の餌となる藻類が付着し水生昆虫も多く見られる。このような場所に砂や泥が流入して河床の全ての石が埋まってしまうと、石と石の間を流れる水流もなくなり藻類や水生昆虫などが生息しなくなる。餌のない場所には魚は生息しない。見た目はきれいでも用水から汚染水などが流れ込む場所の下流部に藻類が付いていないから投網を打っても魚が採れないのである。

　県外の人に岐阜の河川を案内すると誰もが「素晴らしい」と絶賛する。県内に生活している我々は、以前に比べたら汚れてきたと感じているのだが……。

　そんな河川をこれからも大切に守っていくためには、県内の河川について子どもたちに知ってもらうことが大切である。もちろん、大人の方々にもぜひ岐阜県の河川の現状を認識していただきたい。このことは河川を美しくするとともに、かつてのような自然豊かな河川環境をあらためて創造する場合には、どのような努力を積み重ねていくことが必要かを考える基本となるからである。まずは、より多くの人々が近くの河川に出掛け、ふれあう機会を増やすことによって今の河川がどうなっているのかを自らの目で見て、体感いただくことが大切である。

　最後に、これは本書の趣旨からはいささかはずれるが、ひと言申し添えておきたい。現在、アユは"岐阜県のアユ""長良川のアユ"、そして"郡上のアユ"などの名称で特別に扱われている。確かに多くのアユのすむ川は、その河川全体が良好な環境であるといえよう。しかし、今回の調査で、岐阜県内には37種もの魚類の生息が確認されている。県内に生息するすべての魚を分け隔てなく……と思うとき、ドジョウやオイカワ、フナなども同じように認めてやりたい。どんな魚でも清流を優雅に泳ぐ姿は美しい。

岐阜　小5　智香

　岐阜県は、全国でも有数の淡水魚類の豊富な県である。それは県民の誇りでもある。この冊子をきっかけに「河川に魚をふやす」「20年前の様相に戻す」にはどうしたらよいか、身近な視点で考えていただき、河川を大事にする気運が盛り上がることになれば望外の喜びである。

「岐阜の河川に魚をふやす作戦」を!!

【著者紹介】

駒田　格知：名古屋女子大学特任教授（淡水魚類研究会会長）
　　　　　　平成30年度河川功労者表彰（公益社団法人：日本河川協会）
小椋　郁夫：名古屋女子大学文学部児童教育学科教授（淡水魚類研究会副会長）
今村　　純：名古屋女子大学家政学部技術職員（淡水魚類研究会会員）
渡邉　美咲：名古屋女子大学家政学部技術職員（淡水魚類研究会会員）

岐阜県の魚類の現状と今後
―― 岐阜の河川に魚をふやそう ――

2019年1月11日　発行

著　者　駒田　格知・小椋　郁夫
　　　　今村　　純・渡邉　美咲

発　行　株式会社岐阜新聞社

発行所　岐阜新聞情報センター　出版室
　　　　〒500-8822　岐阜市今沢町12　岐阜新聞社別館4階
　　　　☎058-264-1620（出版直通）

印　刷　西濃印刷株式会社
　　　　〒500-8074　岐阜市七軒町15
　　　　☎058-263-4101

無断転載はお断りします。落丁・乱丁本はお取り替えします。
ISBN978-4-87797-263-9